对接世界技能大赛技术标准创新系列教材
技工院校一体化课程教学改革数控加工专业教材

零件普通铣床加工教师用书

人力资源社会保障部教材办公室　组织编写

中国劳动社会保障出版社

内容简介

本套教材为对接世赛标准深化一体化专业课程改革数控加工专业教材，对接世赛数控车、数控铣项目，学习目标融入世赛要求，学习内容对接世赛技能标准，考核评价方法参照世赛评分方案，并设置了世赛知识栏目。

本书为《零件普通铣床加工》的配套教师用书，在《零件普通铣床加工》的基础上增加了引导问题的参考答案（教学建议），并给出了学习任务设计方案和教学活动策划表，内容丰富、实用，有助于教师更好地开展一体化教学。

图书在版编目（CIP）数据

零件普通铣床加工教师用书 / 人力资源社会保障部教材办公室组织编写 . -- 北京：中国劳动社会保障出版社，2022

对接世界技能大赛技术标准创新系列教材　技工院校一体化课程教学改革数控加工专业教材

ISBN 978-7-5167-5329-3

Ⅰ. ①零…　Ⅱ. ①人…　Ⅲ. ①铣削－技工学校－教学参考资料　Ⅳ. ①TG540.6

中国版本图书馆 CIP 数据核字（2022）第 101449 号

中国劳动社会保障出版社出版发行

（北京市惠新东街 1 号　邮政编码：100029）

*

北京市白帆印务有限公司印刷装订　　新华书店经销

880 毫米 ×1230 毫米　16 开本　12.5 印张　290 千字

2022 年 8 月第 1 版　　2022 年 8 月第 1 次印刷

定价：35.00 元

读者服务部电话：（010）64929211/84209101/64921644

营销中心电话：（010）64962347

出版社网址：http://www.class.com.cn

http://jg.class.com.cn

对接世界技能大赛技术标准创新系列教材

编审委员会

主　　任：刘　康

副 主 任：张　斌　王晓君　刘新昌　冯　政

委　　员：王　飞　翟　涛　杨　奕　张　伟　赵庆鹏　姜华平　杜庚星　王鸿飞

数控加工专业课程改革工作小组

课 改 校：江苏省常州技师学院　广东省机械技师学院　宁波技师学院　开封技师学院　襄阳技师学院　江苏省盐城技师学院　东莞技师学院　江门技师学院　西安技师学院　杭州技师学院　临沂技师学院

技术指导：宋放之

编　　辑：闫宪新

本书编审人员

主　　编：王卫国

副 主 编：陈　涛

参　　编：刘惠强　黎健堃　朱明祥　赵　坤　孙喜兵　史永利　何子卿　黄科峰

主　　审：崔兆华

序

世界技能大赛由世界技能组织每两年举办一届，是迄今全球地位最高、规模最大、影响力最广的职业技能竞赛，被誉为“世界技能奥林匹克”。我国于2010年加入世界技能组织，先后参加了五届世界技能大赛，累计取得36金、29银、20铜和58个优胜奖的优异成绩。第46届世界技能大赛将在我国上海举办。2019年9月，习近平总书记对我国选手在第45届世界技能大赛上取得佳绩作出重要指示，并强调，劳动者素质对一个国家、一个民族发展至关重要。技术工人队伍是支撑中国制造、中国创造的重要基础，对推动经济高质量发展具有重要作用。要健全技能人才培养、使用、评价、激励制度，大力发展技工教育，大规模开展职业技能培训，加快培养大批高素质劳动者和技术技能人才。要在全社会弘扬精益求精的工匠精神，激励广大青年走技能成才、技能报国之路。

为充分借鉴世界技能大赛先进理念、技术标准和评价体系，突出“高、精、尖、缺”导向，促进技工教育与世界先进标准接轨，完善我国技能人才培养模式，全面提升技能人才培养质量，人力资源社会保障部于2019年4月启动了世界技能大赛成果转化工作。根据成果转化工作方案，成立了由世界技能大赛中国集训基地、一体化课改学校，以及竞赛项目中国技术指导专家、企业专家、出版集团资深编辑组成的对接世界技能大赛技术标准深化专业课程改革工作小组，按照创新开发新专业、升级改造传统专业、深化一体化专业课程改革三种对接转化原则，以专业培养目标对接职业描述、专业课程对接世界技能标准、课程考核与评价对接评分方案等多种操作模式和路径，同时融入健康与安全、绿色与环保及可持续发展理念，开发与世界技能大赛项目对接的专业人才培养方案、教材及配套教学资源。首批对接 19 个世界技能大赛项目共 12 个专业的成果将于 2020—2021 年陆续出版，主要用于技工院校日常专业教学工作中，充分发挥世界技能大赛成果转化对技工院校技能人才的引领示范作用。在总结经验及调研的基础上选择新的对接项目，陆续启动第二批等世界技能大赛成果转化工作。

希望全国技工院校将对接世界技能大赛技术标准创新系列教材，作为深化专业课程建设、创新人才培养模式、提高人才培养质量的重要抓手，进一步推动教学改革，坚持高端引领，促进内涵发展，提升办学质量，为加快培养高水平的技能人才作出新的更大贡献！

2020年11月

目　　录

学习任务一　软钳口的铣削

学习目标

1. 能了解机加工车间和工作区的范围和限制，理解企业在环境、安全、卫生等方面的标准。

2. 能按照机加工车间安全防护规定，穿戴劳保用品，执行安全操作规程。

3. 能描述铣床的分类、组成、结构、功能，指出各部件的名称和作用。

4. 能根据现场条件，查阅技术手册，确定符合加工技术要求的工具、量具、夹具及切削液，并能正确使用。

5. 能独立阅读生产任务单，明确工时、加工数量等要求，说出所加工零件的用途、功能和分类。

6. 能识读图样和工艺卡，明确加工技术要求和加工工艺。

7. 能综合考虑零件材料、刀具材料、加工性质、机床特性等因素，查阅技术手册，确定切削三要素中的切削速度、进给量和切削深度，并能运用公式计算转速和进给量。

8. 能按零件图样要求，测量毛坯外形尺寸，判断毛坯是否有足够的加工余量。

9. 在加工过程中，能严格按照铣床操作规程操作铣床，按工步切削工件；根据切削状态调整切削用量，保证正常切削；适时检测，保证精度。

10. 能正确选择粗、精基准，使用面铣刀对软钳口进行铣削加工。

11. 能用通用量具对工件的平面度、垂直度、平行度进行检测，保证加工质量，并能在加工完毕后，按照图样要求进行自检。

12. 能总结生产经验，优化加工策略。

13. 能对铣床等设备进行维护保养，按现场“6S”管理的要求清理现场。

14. 能按产品工艺流程和车间现场管理规定，进行产品交接并正确放置零件。

15. 能在作业过程中严格执行企业操作规范、安全生产制度、环保管理制度以及“6S”管理规定，严格遵守从业人员的职业道德，具有吃苦耐劳、爱岗敬业的工作态度和职业责任感。

16. 能与班组长、工具管理员等相关人员进行有效的沟通与合作，理解有效沟通和团队合作的重要性。

建议学时

100 学时。

工作情境描述

企业接到一批特制软钳口（图 1–1）加工订单，材料为 2A12，生产主管计划用普通铣床进行加工。特制软钳口用于零件的定位装夹，外形与平口钳的钳口外形相似，外形尺寸精度为 IT10 ~ IT8 级，其余尺寸精度为 IT12 级，关键定位面的平行度和垂直度公差为 0.02 mm。

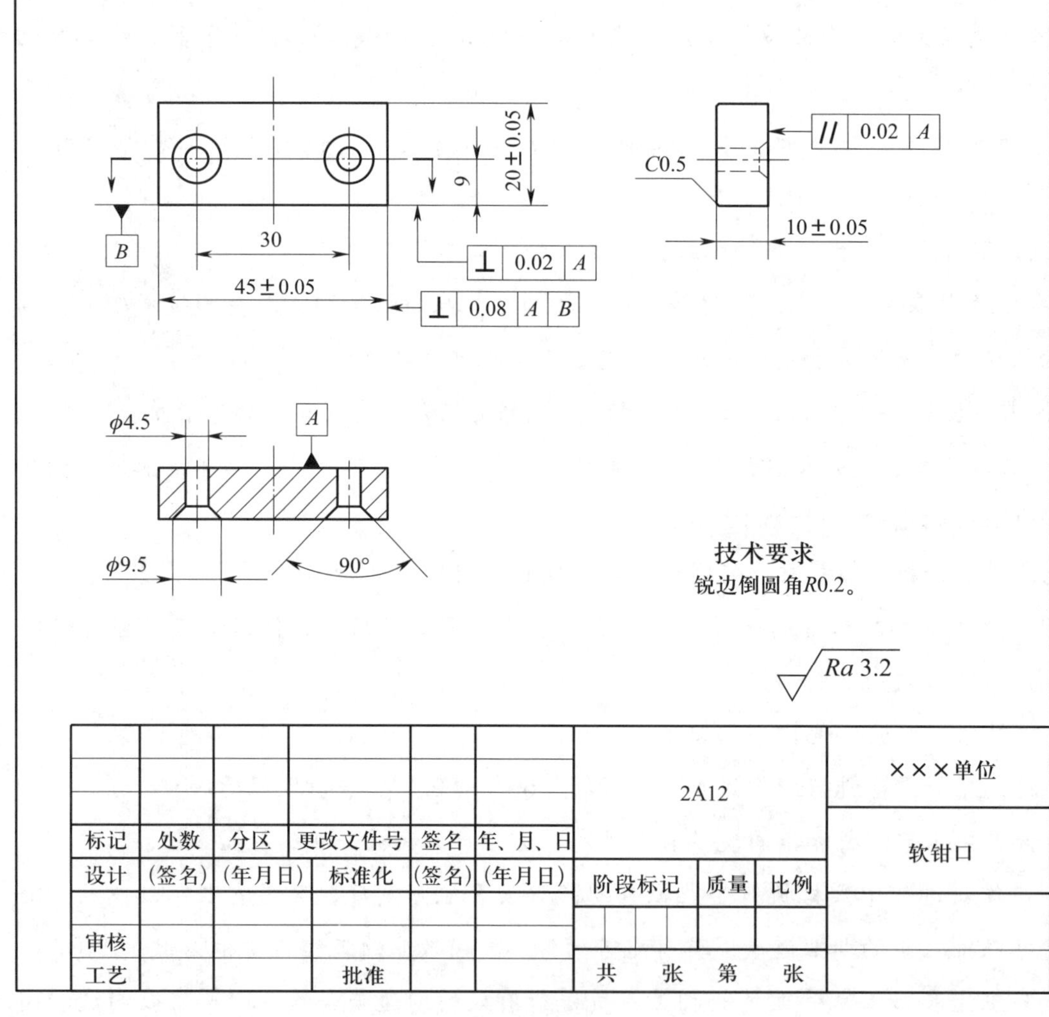

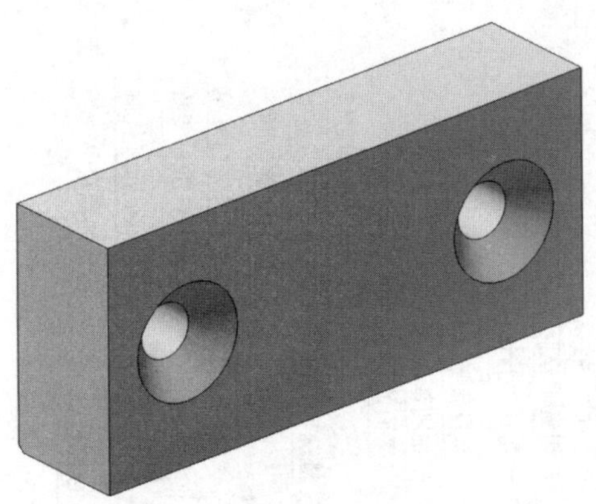

图 1-1　软钳口零件图

工作流程与活动

1. 铣床的基本操作（20 学时）
2. 领取工作任务，明确加工内容（15 学时）
3. 制定软钳口的加工工艺（15 学时）
4. 软钳口的加工（25 学时）
5. 软钳口的测量及误差分析（15 学时）
6. 工作总结与评价（10 学时）

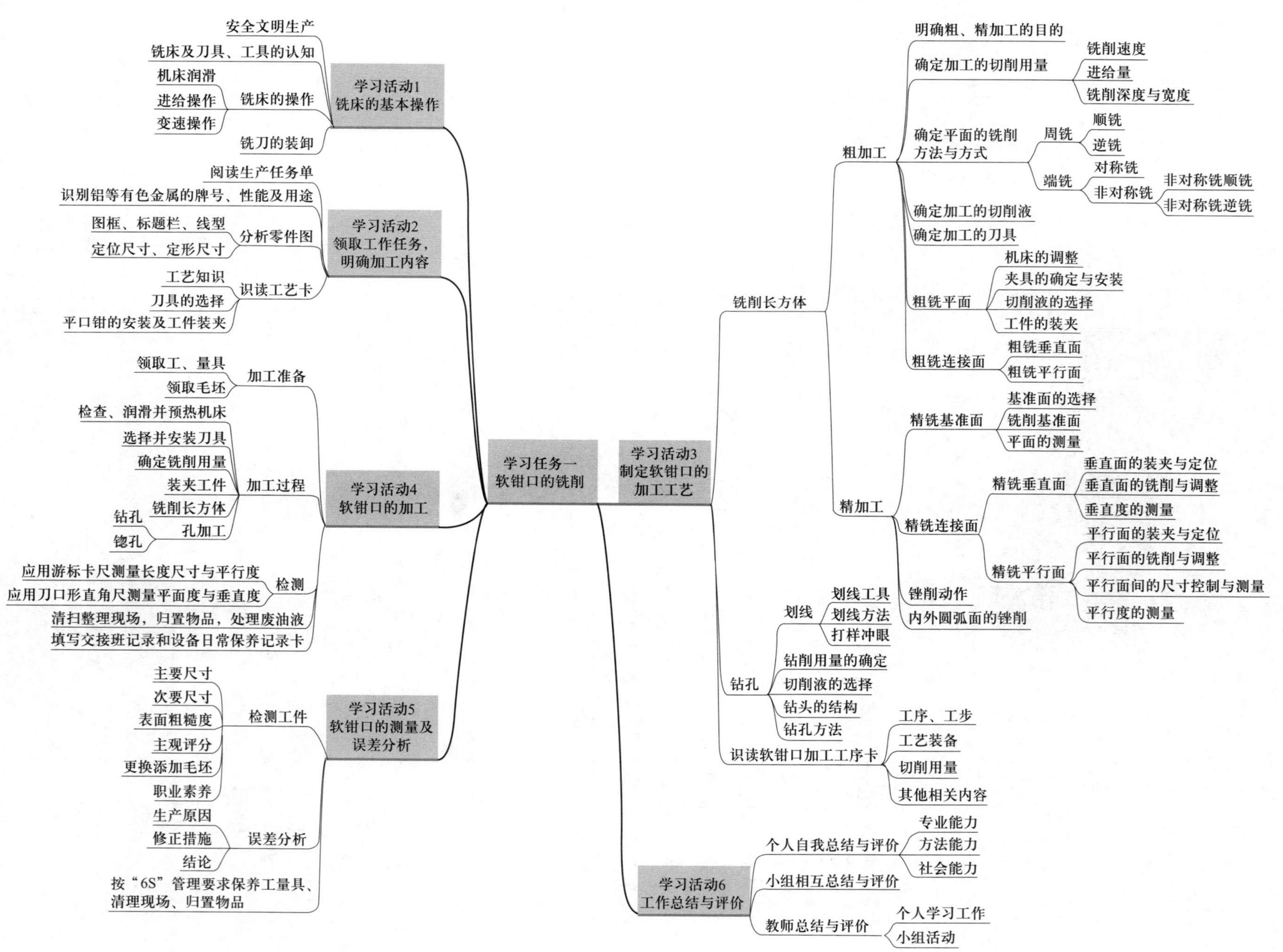
学习任务一 软钳口的铣削
学习活动1 铣床的基本操作
安全文明生产
铣床及刀具、工具的认知
机床润滑
铣床的操作
进给操作
变速操作
铣刀的装卸
学习活动2 领取工作任务，明确加工内容
阅读生产任务单
识别铝等有色金属的牌号、性能及用途
分析零件图
图框、标题栏、线型
定位尺寸、定形尺寸
识读工艺卡
工艺知识
刀具的选择
平口钳的安装及工件装夹
学习活动3 制定软钳口的加工工艺
铣削长方体
粗加工
明确粗、精加工的目的
确定加工的切削用量
铣削速度
进给量
铣削深度与宽度
确定平面的铣削方法与方式
周铣
顺铣
逆铣
端铣
对称铣
非对称铣
非对称铣顺铣
非对称铣逆铣
确定加工的切削液
确定加工的刀具
粗铣平面
机床的调整
夹具的确定与安装
切削液的选择
工件的装夹
粗铣连接面
粗铣垂直面
粗铣平行面
精加工
精铣基准面
基准面的选择
铣削基准面
平面的测量
精铣连接面
精铣垂直面
垂直面的装夹与定位
垂直面的铣削与调整
垂直度的测量
精铣平行面
平行面的装夹与定位
平行面的铣削与调整
平行面间的尺寸控制与测量
平行度的测量
锉削动作
内外圆弧面的锉削
钻孔
划线
划线工具
划线方法
打样冲眼
钻削用量的确定
切削液的选择
钻头的结构
钻孔方法
识读软钳口加工工序卡
工序、工步
工艺装备
切削用量
其他相关内容
学习活动4 软钳口的加工
加工准备
领取工、量具
领取毛坯
检查、润滑并预热机床
加工过程
选择并安装刀具
确定铣削用量
装夹工件
铣削长方体
孔加工
钻孔
锪孔
检测
应用游标卡尺测量长度尺寸与平行度
应用刀口形直角尺测量平面度与垂直度
清扫整理现场，归置物品，处理废油液
填写交接班记录和设备日常保养记录卡
学习活动5 软钳口的测量及误差分析
检测工件
主要尺寸
次要尺寸
表面粗糙度
主观评分
更换添加毛坯
职业素养
误差分析
生产原因
修正措施
结论
按“6S”管理要求保养工量具、清理现场，归置物品
学习活动6 工作总结与评价
个人自我总结与评价
专业能力
方法能力
社会能力
小组相互总结与评价
教师总结与评价
个人学习工作
小组活动

学习活动 1　铣床的基本操作

学习目标

1. 能按照车间安全防护规定，穿戴劳保用品，执行安全操作规程。

2. 能描述铣床的组成、结构和功能，指出各部件的名称和作用，并能按铣床的安全操作规程操作机床。

3. 能查阅机床说明书，明确机床功率、精度、加工范围等技术参数。

4. 能认知铣削的主运动及进给运动，在实际操作中能正确区分。

5. 能通过查阅技术手册，识别铣床常用刀具材料、种类，并能叙述其用途。

6. 能掌握刀具的安装及拆卸方法，并能独立、正确、规范地安装及拆卸铣刀。

7. 能描述铣床常用附件、工具的名称及用途。

8. 能对铣床进行日常保养和维护。

建议学时：20 学时。

学习过程

一、安全文明生产

安全文明生产是企业生产管理的重要内容之一，影响企业的产品质量和经济效益，影响设备的利用率和使用寿命，影响工人的人身安全。作为新学员，进入企业或实习车间的初期，就要培养良好的文明生产和安全生产习惯，为将来进一步做好工作打下良好的基础。

了解安全文明操作规程及工作环境，学习安全防护知识并检查安全防护情况，完成表 1–1、表 1–2 防护装备与操作时佩戴要求的填写。

建议：

1. 根据表格要求，逐项检查学生完成情况。

2. 后续任务开始前，都应进行安全文明生产检查。

3. 设立专门的安全管理员，随时检查，使学生养成良好的安全文明生产习惯。

表 1–1　安全操作必备的防护装备

名称	图例	备注	是否掌握如何使用
防护镜		必须是防溅入式防护镜 近视镜不能代替防护镜	是□　否□
安全鞋		必须防滑、防砸、防穿刺、绝缘	是□　否□
防护服		（1）必须是长裤 （2）防护服必须紧身不松垮，达到三紧要求 （3）女性必须戴工作帽、长发不得外露	是□　否□
防护手套		操作机床时不得戴手套	是□　否□

表 1–2　操作时佩戴要求

时段	要求	备注	是否掌握如何使用
机床操作时	禁止戴手套　必须戴防护眼镜　必须戴防护帽 必须穿防护鞋　必须穿防护服	牛仔裤配紧身上衣也可	是□　否□
拿取毛坯、手工去毛刺时	必须戴防护手套　必须戴防护眼镜　必须戴防护帽 必须穿防护鞋　必须穿防护服	牛仔裤配紧身上衣也可	是□　否□

二、铣床及刀具、工具的认知

1．铣床的认知

操作铣床前首先要了解铣床的结构、功能、主要技术参数以及铣床的运动方式。

（1）X6132 型铣床是目前应用最广泛的一种卧式万能升降台铣床。观察如图 1–2 所示 X6132 型铣床结构图，查阅资料，完成表 1–3 铣床主要部分的名称和功能的填写。

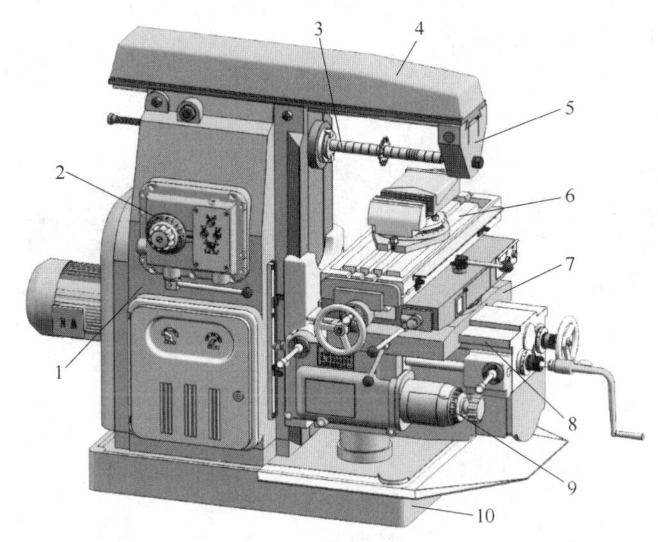

图 1–2 X6132 型铣床结构图

表 1–3 铣床主要部分的名称和功能

序号	名称	功能	图示
1	床身	是机床的主体，用来安装和连接机床其他部件。床身正面有垂直导轨，可以引导升降台上、下移动。床身顶部有燕尾形水平导轨，用以安装横梁并按需要引导横梁做水平移动。床身内部装有主轴和主轴变速机构	
2	主轴变速机构	机构安装在床身内，其功用是将主电动机的额定转速通过齿轮变速，变换成 18 种不同转速，传递给主轴，以适应铣削的需要	

续表

序号	名称	功能	图示
3	主轴	是一前端带锥孔的__空心__轴，锥孔的锥度为__7∶24__，用来安装铣刀刀杆和铣刀。主电动机输出的回转运动，经主轴变速机构驱动主轴连同铣刀一起回转，实现__主运动__	
4	横梁	可沿床身顶部燕尾形导轨移动，并可按需要调节其伸出长度。其上可安装__挂架__	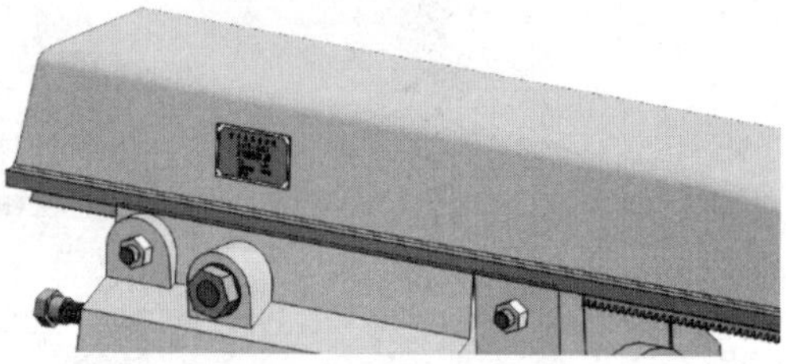
5	挂架	用以__支撑__刀杆的外端，增强刀杆的刚度	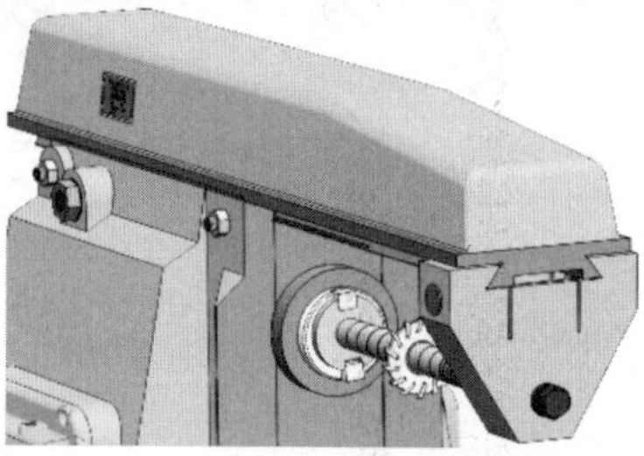
6	工作台	用以安装需用的铣床__夹具__和__工件__，带动工件实现纵向进给运动	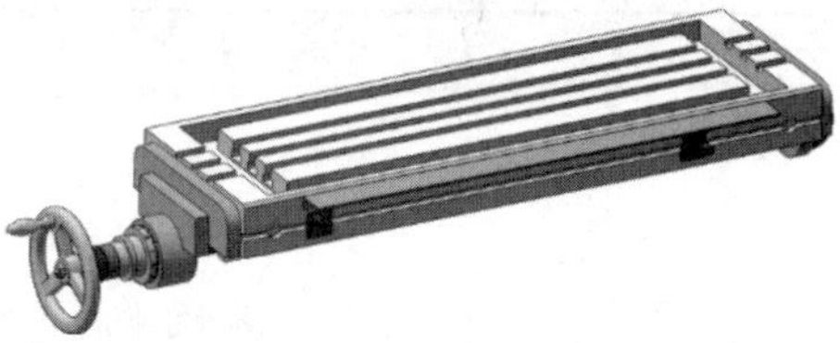
7	滑鞍	用来带动工作台实现横向进给运动。滑鞍与工作台之间设有回转盘，可以使工作台在水平面内做__±45°__范围内的扳转	
8	升降台	用来__支撑__滑鞍和工作台，带动工作台__上__、__下__移动。其内部装有进给电动机和进给变速机构	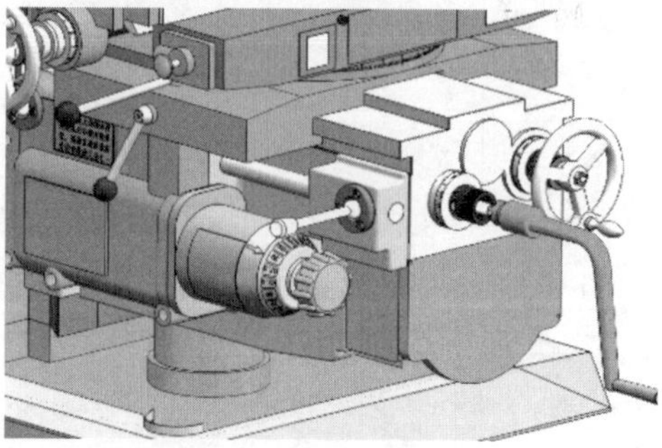

续表

序号	名称	功能	图示
9	进给变速机构	用来__调整__和__变换__工作台的进给速度，以适应铣削的需要	
10	底座	用来支持床身，承受铣床全部重量，盛储__切削液__	

（2）铣床的主要技术参数反映铣床的加工性能。查阅机床说明书，完成表 1–4 中 X6132 型铣床的主要技术参数的填写。

表 1–4　　X6132 型铣床的主要技术参数

项目	规格
工作台面尺寸	工作台面长__1 250__mm、宽__320__mm
工作台最大行程	纵向（手动 / 机动）__700/680__mm 横向（手动 / 机动）__255/240__mm 垂向（手动 / 机动）__320/300__mm
工作台进给速度	__23.5 ~ 1 180__mm/min 的__18__种不同的进给速度
工作台最大回转角度	__±45°__
主轴锥孔锥度	__7 : 24__
主轴转速	__30 ~ 1 500__r/min 的__18__种不同的转速
机床工作精度	加工表面的平面度__0.02__mm 加工表面的平行度__0.03__mm 加工表面的垂直度__0.02/100__mm 加工表面的表面粗糙度__*Ra*1.6__μm

（3）X5032 型立式铣床是一种常见的立式铣床，外形如图 1–3 所示。X5032 型立式铣床的规格、操纵机构、传动变速方法与 X6132 型卧式铣床基本相同，但两者的主轴功能不同，且 X5032 型立式铣床有回转铣头。查阅资料，填写这两种机床主轴在功能上的不同点以及回转铣头的功能。

图 1–3　X5032 型立式铣床

1）主轴功能上的不同点：

X5032 型立式铣床的主轴轴线与工作台面垂直，以端铣平面为主；X6132 型卧式铣床的主轴轴线与工作台面平行，以周铣平面为主。

2）回转铣头的功能：

可在垂直面内做 ±45°范围内的偏转，以调整铣床主轴轴线与工作台面间的相对位置来铣削各种斜面。

（4）铣削时工件与铣刀的相对运动称为铣削运动。它包括主运动和进给运动。主运动是切除工件表面多余材料所需的最基本的运动，进给运动是使工件切削层材料相继投入切削从而加工出完整表面所需的运动。结合图 1–4，指出铣床的主运动和进给运动分别是什么。

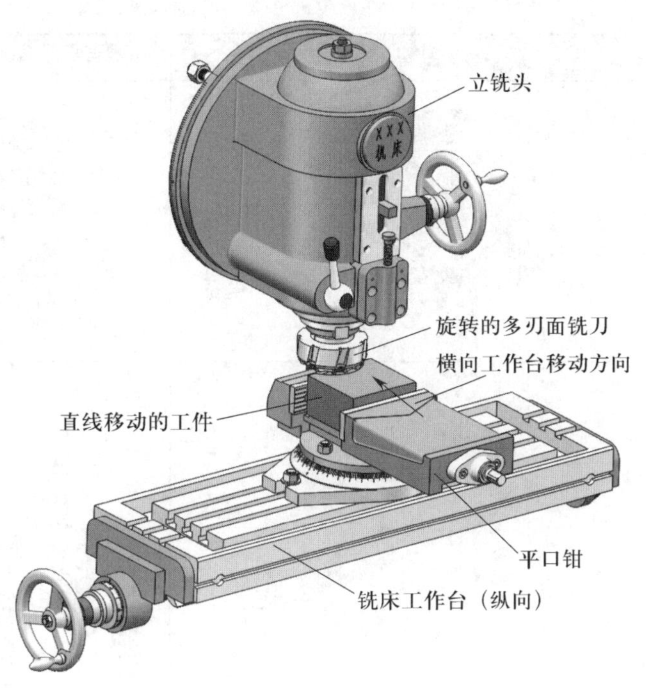

图 1–4　铣削

1）铣床的主运动：

铣刀的旋转运动。

2）铣床的进给运动：

铣刀或工件的移动。

2．铣刀的认知

（1）铣刀按不同的加工内容有不同的类型。识读表 1–5 中所示铣刀，写出它们的名称。

表 1–5　铣刀类型

用途	名称	铣刀图示	铣削示例
铣削平面用铣刀	圆柱铣刀		

续表

用途	名称	铣刀图示	铣削示例
铣削平面用铣刀	面铣刀	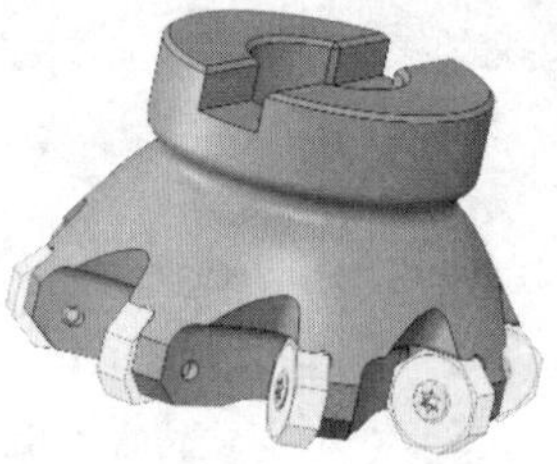	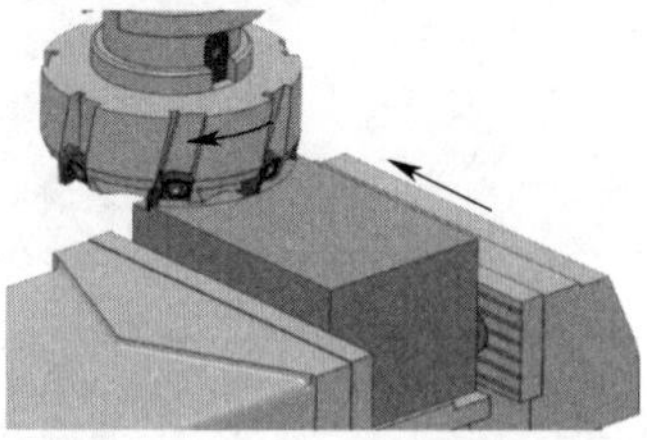
铣削直角沟槽和台阶用铣刀	立铣刀	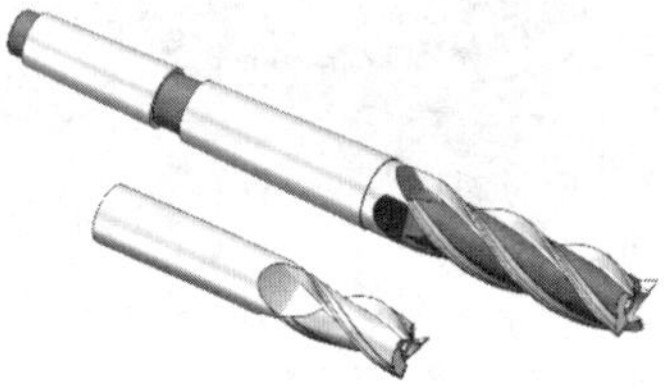	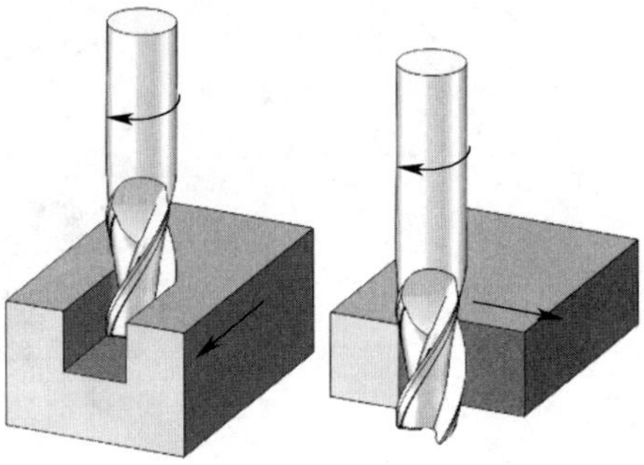
	三面刃铣刀		
	键槽铣刀	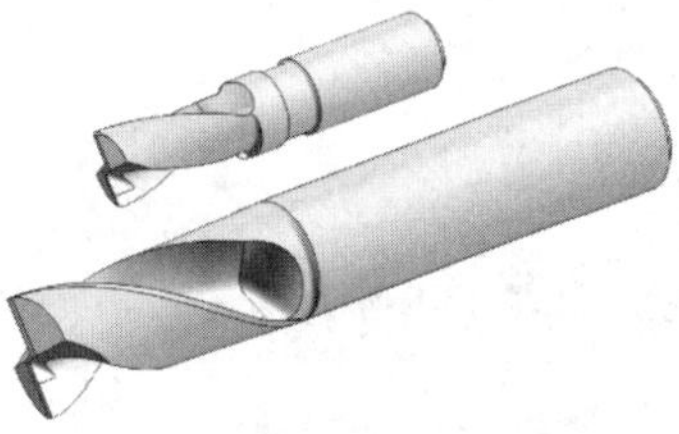	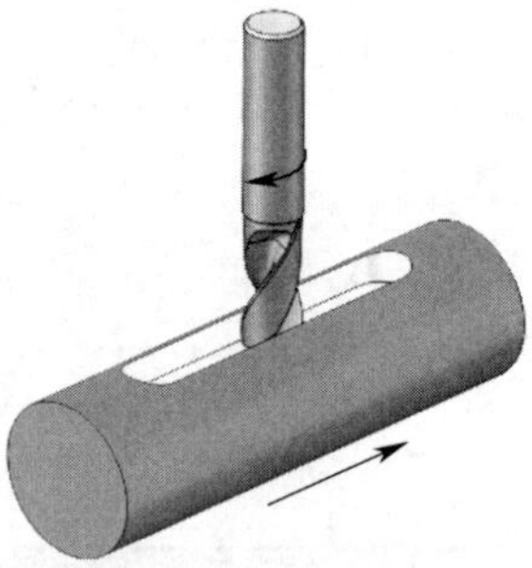
切断及铣削窄槽用铣刀	锯片铣刀	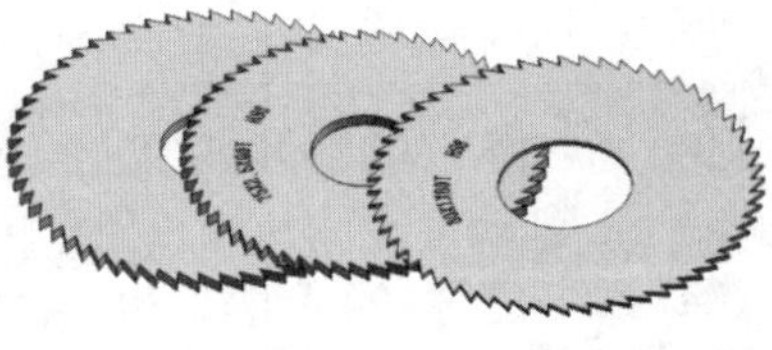	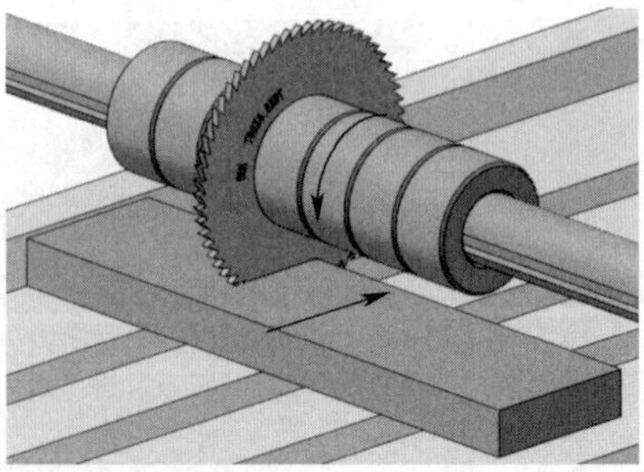

续表

用途	名称	铣刀图示	铣削示例
铣削特形沟槽用铣刀	T形槽铣刀	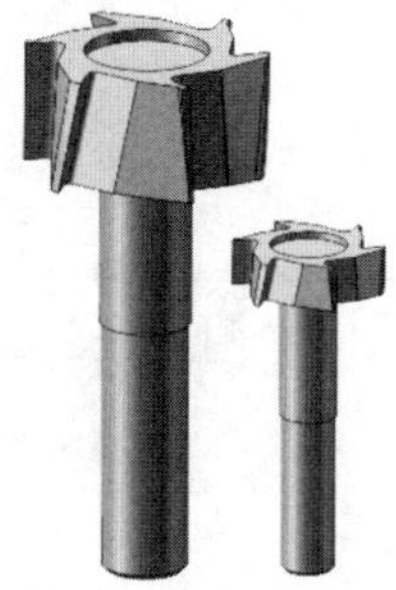	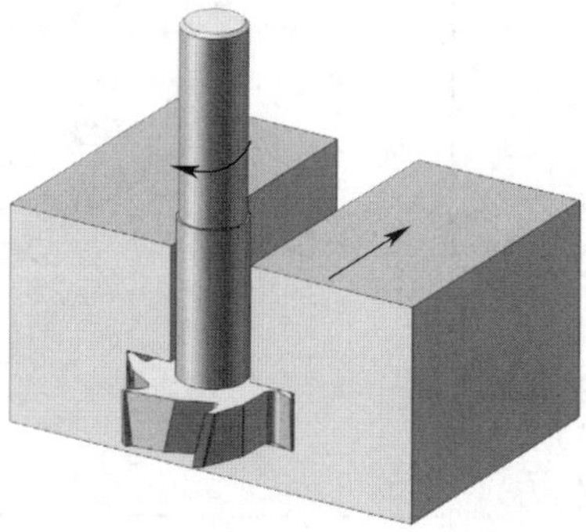
	燕尾槽铣刀	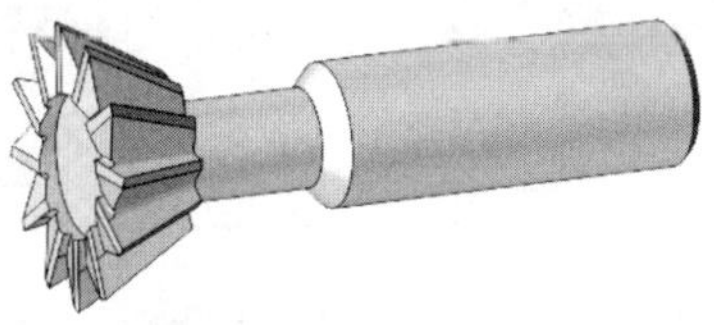	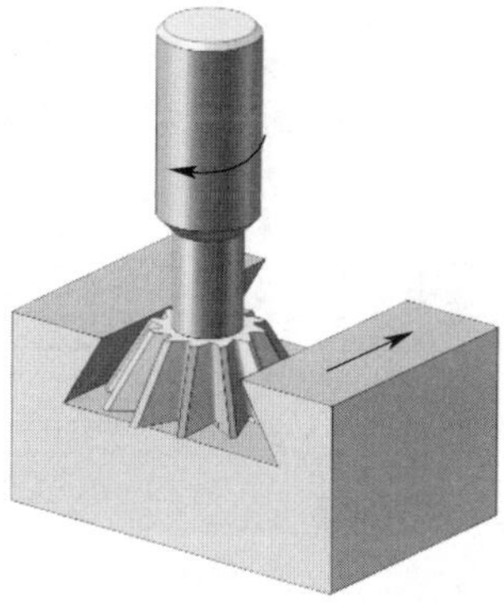
	角度铣刀		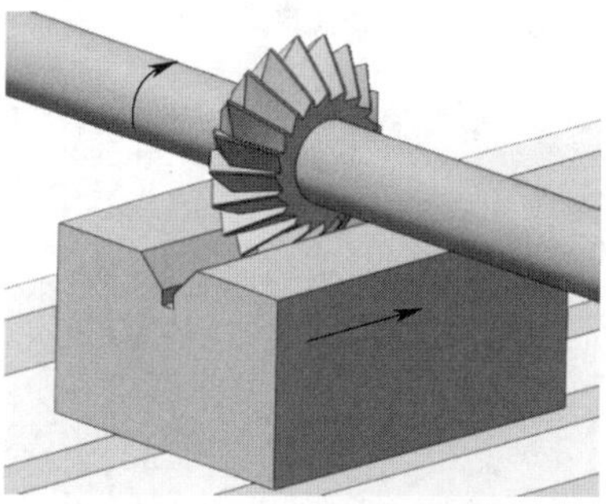
铣削特形面用铣刀	凸半圆铣刀/凹半圆铣刀	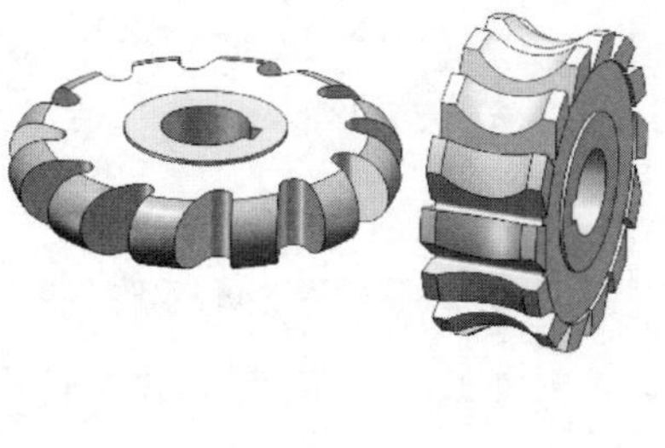	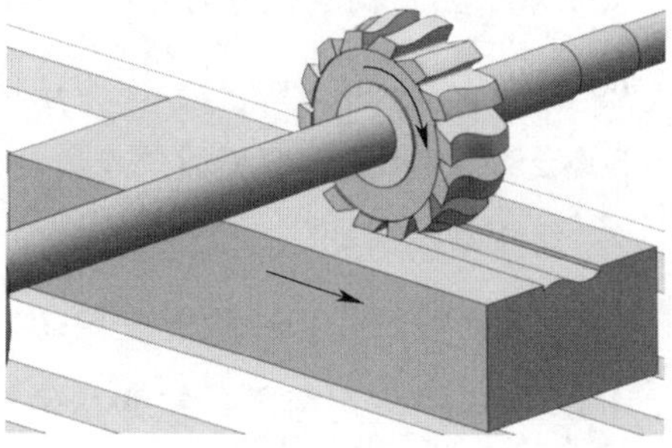

续表

用途	名称	铣刀图示	铣削示例
铣削特形面用铣刀	球头铣刀	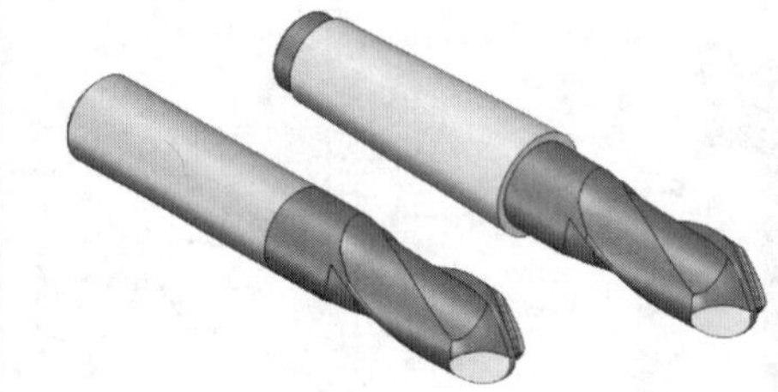	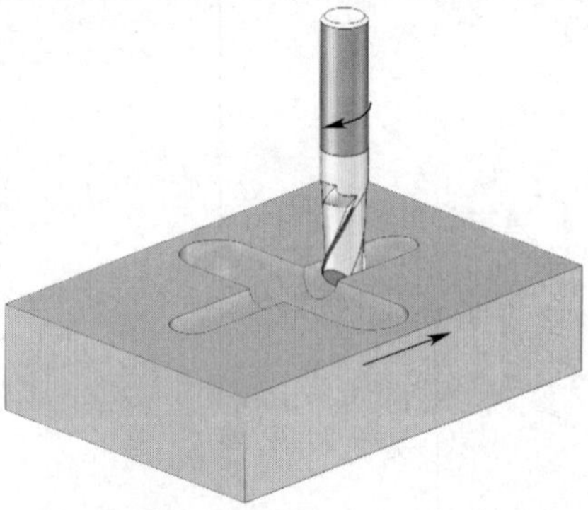
	模数齿轮铣刀		

（2）铣刀标记是用来表示生产厂家、刀具材料、刀具尺寸等信息的一组代号，如图 1–5 所示。写出下列各铣刀标记的具体含义。

图 1–5　铣刀标记

80 × 80 × 27：圆柱铣刀的外径为 80 mm、宽度为 80 mm、内孔直径为 27 mm。

80 × 18 × 27 × 60°：角度铣刀的外径为 80 mm、宽度为 18 mm、内孔直径为 27 mm、角度为 60°。

80 × 28 × 27 × 8R：凹半圆铣刀的外径为 80 mm、宽度为 28 mm、内孔直径为 27 mm、圆弧半径为 8 mm。

3．铣床常用附件、工具的认知

为了满足铣刀和工件的安装要求，确保铣削时能克服铣削力作用，使工件与铣床保持正确的位置关系，扩大铣床的使用范围，铣床常带有一些附件和工具。识读表 1–6 中铣床常用附件和工具，写出其名称和作用。

表 1-6　　铣床常用附件和工具

工具名称	图示	作用	应用示例
快换铣夹头		快速装夹各种直柄刀具	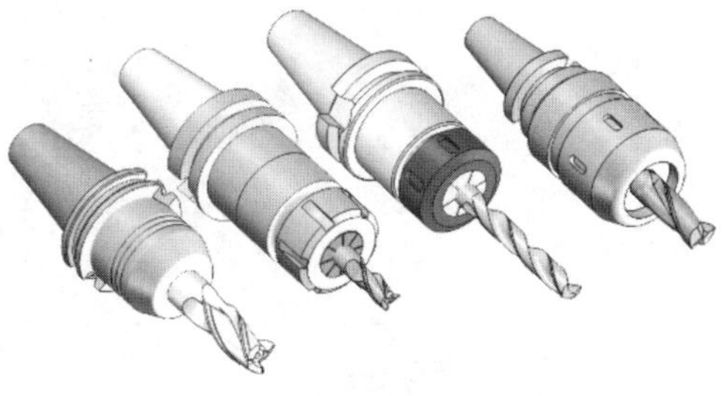
万能立铣头	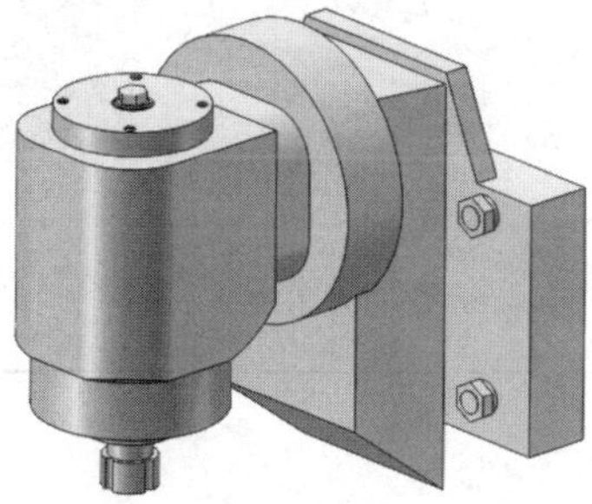	可以扩大机床的加工能力，完成任意角度的斜面铣削、钻孔、攻螺纹等加工	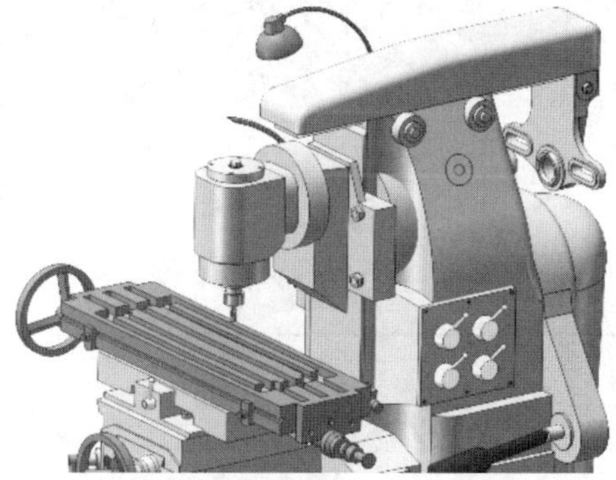
平口钳	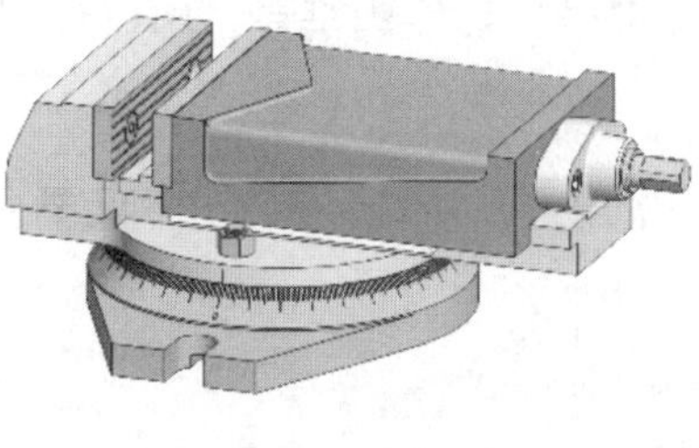	机床加工时，用于夹紧加工工件的一种机床附件	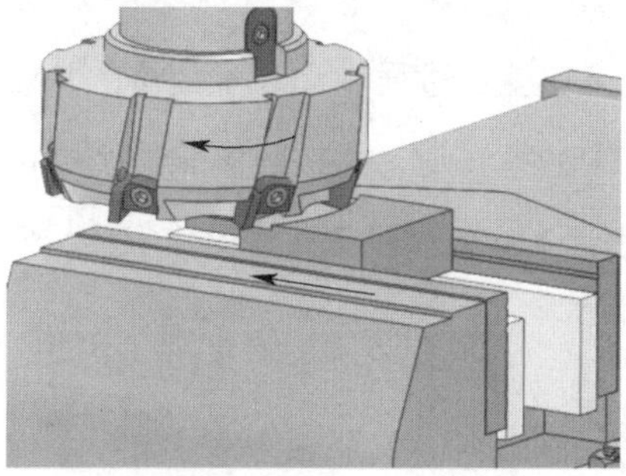
回转工作台		用以装夹工件并实现回转和分度定位的机床附件	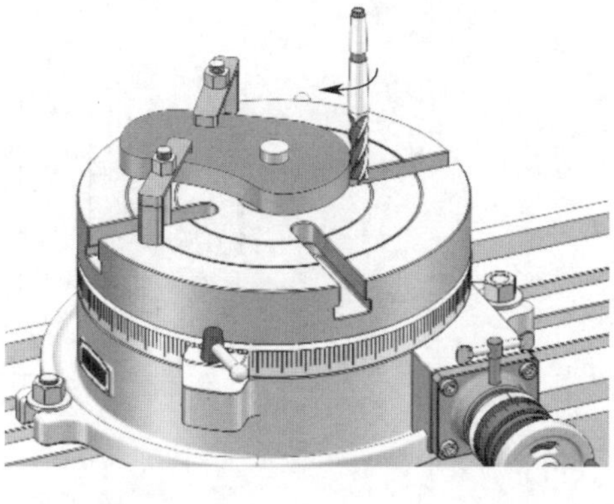

续表

工具名称	图示	作用	应用示例
压板和垫铁		对于外形尺寸较大或不便于用平口钳装夹的工件，常用压板将其压紧在铣床工作台面上进行装夹	
万能分度头和顶尖尾座		用来将装夹在顶尖间或卡盘上的工件转动任意角度，还可以对工件进行圆周分度，使机械零件上需要分度加工的内容能在铣床上完成	

三、铣床的操作

1．熟悉铣床操作步骤

（1）进行机床润滑

机床在使用过程中会产生大量的热量，如不进行润滑会造成机床磨损、操作困难等，所以每次开机前都要对机床进行润滑，并按照机床说明书定期对机床进行维护和保养。

1）读 X6132 型铣床润滑保养示意图（图 1–6），了解铣床需要润滑的部位，并填写各部位润滑要求的时间。

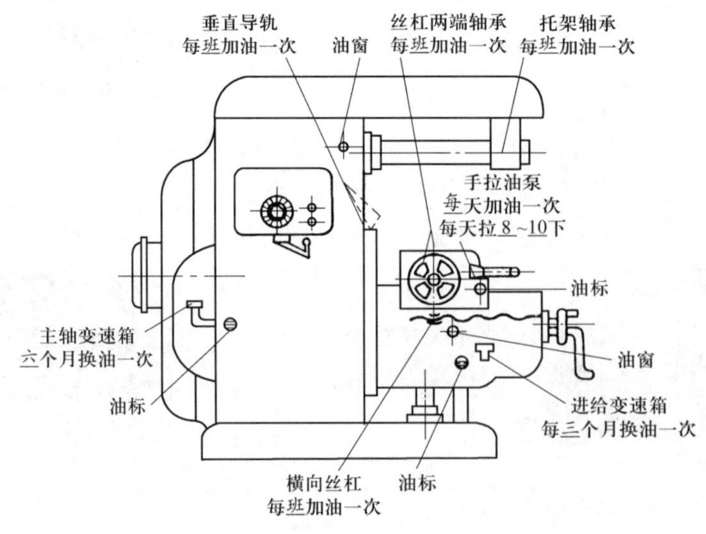

图 1–6　X6132 型铣床润滑保养示意图

2）阅读表 1–7，掌握铣床润滑的步骤，填写相关内容。

表 1–7　　铣床润滑的步骤

操作步骤	图示
班前、班后采用＿油枪＿对工作台纵向丝杠和螺母、导轨面、滑鞍导轨等注油润滑	手拉油泵　油窗
铣床开动后，应检查各处＿流油指示器（油窗或油标）＿是否甩油。铣床的主轴变速箱和进给变速箱均采用自动润滑，即可在＿流油指示器（油窗或油标）＿显示润滑情况。若油位显示缺油，应立即加油	油窗
工作结束后，擦净铣床，然后对工作台纵向丝杠两端轴承、垂直导轨面、挂架轴承等采用＿油枪＿注油润滑	

（2）手动进给操作

1）阅读表 1–8，掌握工作台进给手柄的操作方法。

表 1–8　　工作台进给手柄的操作方法

操作方法	图示
操作时将手动进给手柄离合器分别与机床手动进给离合器连接。摇动工作台任一进给手柄，就能带动工作台做相应的手动进给运动。顺时针摇动手柄，即可使工作台前进（或上升）；反之，若逆时针摇动手柄，则工作台后退（或下降）。在进给手柄刻度盘上刻有“1 格 =0.05 mm”，说明进给手柄每转过 1 格，工作台移动 0.05 mm。摇动各手柄，通过刻度盘控制工作台在各进给方向的移动距离。若手柄摇过了刻度，不能直接摇回，必须将其多退回约 1 转后，再重新摇到要求的刻度位置	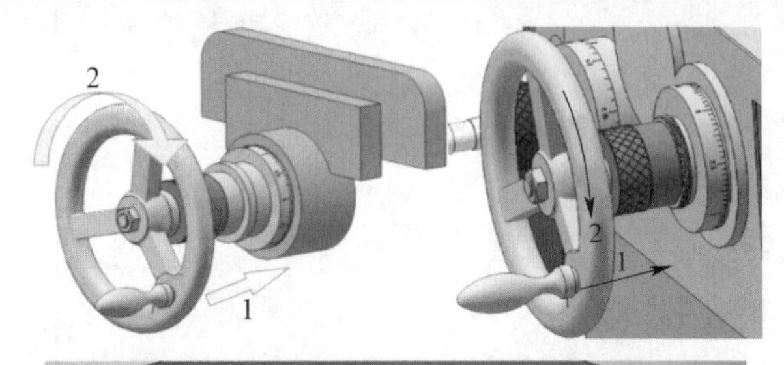 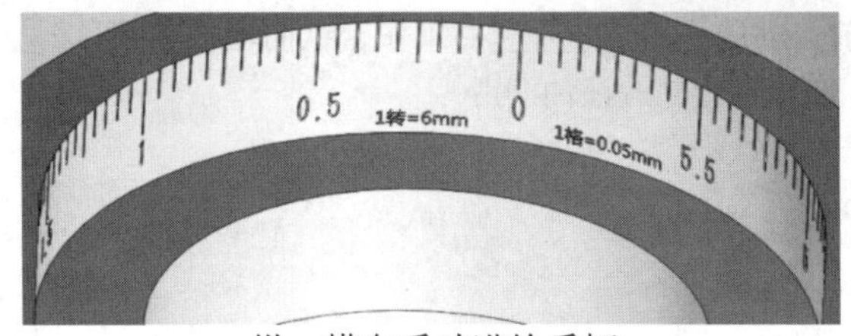 纵、横向手动进给手柄 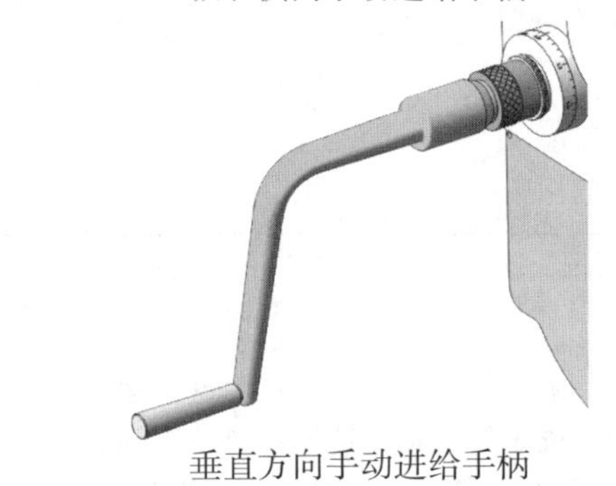 垂直方向手动进给手柄

2）如果工作台在纵向、横向、垂直方向分别移动 16.75 mm、10.15 mm、4.30 mm，需要分别转动手柄多少格？如果摇动手柄使工作台在某一方向按要求的距离移动时尺寸出现超出错误，应该怎么做？

①工作台纵向移动 16.75 mm，应转动手柄 335 格；工作台横向移动 10.15 mm，应转动手柄 203 格；工作台垂直方向移动 4.30 mm，应转动手柄 86 格。

②若手柄摇过刻度不能直接摇回，必须将其多退回约 1 转后，再重新摇到要求的刻度位置。

（3）主轴变速操作

1）阅读表 1–9，掌握主轴变速的操作方法。

表 1–9　主轴变速的操作方法

操作方法	图示
1. 手握变速手柄球部下压，使其定位的榫块脱出固定环的槽 1 位置 2. 将手柄向左推出，使其定位的榫块送入固定环的槽 2 内。手柄处于脱开的位置Ⅰ 3. 转动转速盘，将所选择的转数对准指针 4. 下压手柄，并快速推至位置Ⅱ，即可接合手柄。此时，冲动开关瞬时接通，电动机转动，带动变速齿轮转动，使齿轮啮合。随后，手柄继续向右至位置Ⅲ，并将其榫块送入固定环的槽 1 位置，电动机失电，主轴箱内齿轮停止转动	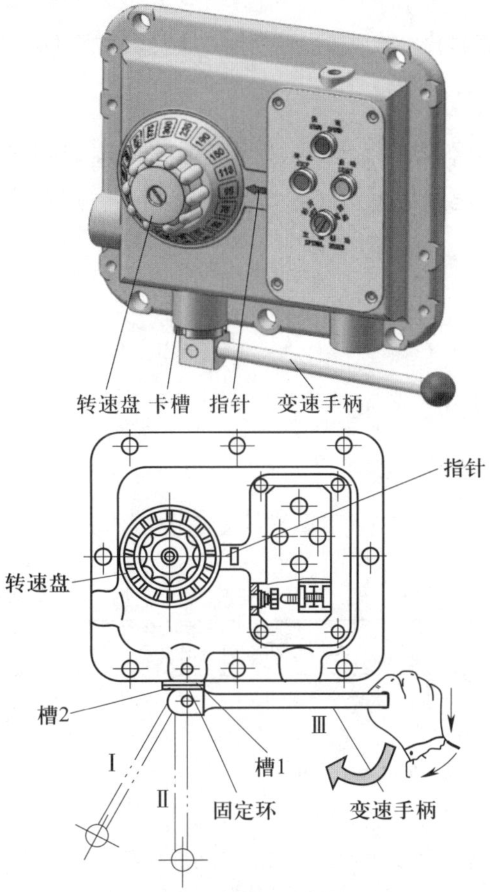 主轴变速操作
主轴变速操作完毕，按下启动按钮，主轴即按选定的转速与方向旋转。检查油窗是否甩油（若不甩油，说明油位过低或润滑油泵出现了故障，需及时加油、检修）	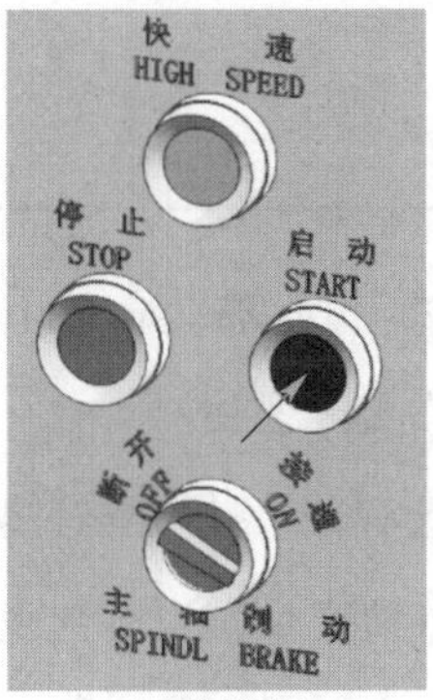 启动按钮

操作提示：①由于电动机启动电流很大，最好不要频繁变速。即使需要变速，中间的间隔时间不少于 5 min。②主轴未停止严禁变速。

2）现需调整转速为 700 r/min，叙述其操作过程。

①手握变速手柄球部下压，使其定位的榫块脱出固定环的槽 1 位置。

②将手柄向左推出，使其定位的榫块送入固定环的槽 2 内。手柄处于脱开的位置Ⅰ。

③转动转速盘，将转盘上的数值“700”对准指针。

④下压手柄，并快速推至位置Ⅱ，即可接合手柄。此时，冲动开关瞬时接通，电动机转动，带动变速齿轮转动，使齿轮啮合。随后，手柄继续向右至位置Ⅲ，并将其榫块送入固定环的槽 1 位置，电动机失电，主轴箱内齿轮停止转动。

⑤主轴变速操作完毕，按下启动按钮，主轴即按选定的转速与方向旋转。检查油窗是否甩油（若不甩油，说明油位过低或润滑油泵出现了故障，需及时加油、检修）。

（4）进给变速操作

1）阅读表 1–10，掌握进给变速的操作方法。

表 1–10　进给变速的操作方法

操作方法	图示
1. 向外拉出进给变速手柄 2. 转动进给变速手柄，带动进给速度盘转动。将进给速度盘上选择好的进给速度的值对准指针位置 3. 将变速手柄推回原位，即可完成进给变速的操作	进给变速手柄 指针　进给速度盘 进给变速操作

2）现需调整进给量为 23.5 mm/min，叙述其操作过程。

①向外拉出进给变速手柄。

②转动进给变速手柄，带动进给速度盘转动。将进给速度盘上的数值“23.5”对准指针位置。

③将变速手柄推回原位，即可完成进给变速的操作。

（5）机动进给操作

1）阅读表 1–11，掌握工作台机动进给的操作方法。

表 1–11　　机动进给的操作方法

操作方法	图示
纵向机动进给手柄有三个位置，即“向左进给”“向右进给”和“停止”。横向和垂直方向机动进给手柄有五个位置，即“向里进给”“向外进给”“向上进给”“向下进给”和“停止”。机动进给手柄的设置使操作非常形象化。当机动进给手柄与进给方向处于垂直状态时，机动进给是停止的。若机动进给手柄处于倾斜状态时，则该方向的机动进给被接通	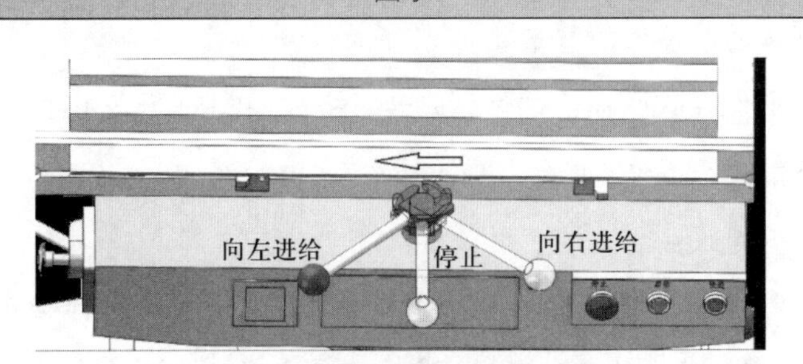 纵向进给手柄操作 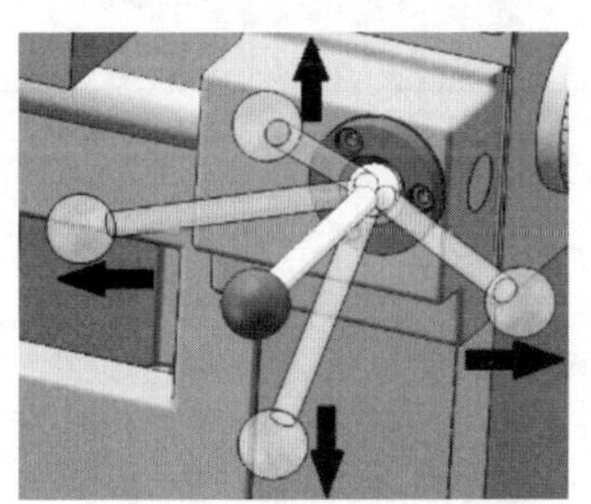 横向和垂直进给手柄操作

2）在做各机动进给操作练习前，应做哪些检查工作?

进行机动进给操作前，应先检查各手动手柄是否与离合器脱开（特别是升降手柄），以免手柄转动伤人。

3）如果纵向进给手柄处于零位，现向左或向右进给，叙述其操作过程。

将纵向进给手柄向左扳转就可以实现工作台向左进给运动；将纵向进给手柄向右扳转就可以实现工作台向右进给运动。

4）如果横向和垂直进给手柄处于零位，现向前（上）或向后（下）进给，叙述其操作过程。

主轴转动时，推动手柄向前倾斜，工作台向前机动进给；拉动手柄向后倾斜，工作台向后机动进给；手柄向哪个方向倾斜，工作台向哪个方向机动进给。

2. 铣床操作练习

（1）操作前准备

你在开始操作前做好安全准备了吗？对照表 1–12 进行安全自检，并将结果记录在表中，未做好准备的不能进行操作训练。

建议：

1）应结合企业（学校）安全文明生产要求进行检查。

2）除自检外，还应该由安全员或教师再次检查。

表 1–12　　安全自检表

自检问题	记录
有合格的安全防护用品吗？	是□　否□
工作服等穿戴好了吗？	是□　否□
手套及饰品都摘掉了吗？	是□　否□
有戴围巾或系领带吗？	是□　否□
女生把长发盘起并塞入帽内了吗？	是□　否□
知道消防器材的位置及如何使用吗？	是□　否□
知道安全通道在哪吗？	是□　否□
机床操作位置有木制踏板吗？	是□　否□
知道停车的开关是哪个吗？	是□　否□
知道怎样切断铣床的电源吗？	是□　否□
知道铣床各手柄的作用吗？	是□　否□
知道怎样脱开各向移动操作手柄吗？	是□　否□

（2）操作练习

每人分别按表 1–13 的操作内容进行操作练习，由小组其他成员判断其操作正确性，并将结果记录在表中。

建议：

1）表格中设置的数值只作为参考，可结合实际情况进行调整。

2）结合自身掌握情况，有选择地进行练习。

3）教师应及时了解每个人的练习情况，并调整和指导。

表 1–13　　铣床操作练习

操作内容	记录
认知铣床各润滑点位置，并对铣床注油润滑，按“启动”按钮，使主轴回转 3 ~ 5 min，检查油窗是否甩油	正确□　错误□
认知铣床电源开关、冷却泵开关，在低速的情况下对铣床进行“启动”和“停止”操作练习	正确□　错误□
熟悉铣床各进给方向手柄的刻度盘。做各方向的手动进给操作练习，使工作台在纵向、横向和垂直方向分别移动 4.5 mm、8.3 mm、4.6 mm 1. 能掌握消除工作台丝杠和螺母之间传动间隙对移动尺寸的影响的方法 2. 熟练均匀地进行手动进给速度控制练习，每分钟均匀地手动进给 30 mm、60 mm、90 mm（即纵向、横向手动进给手柄均匀地摇动 5 圈 /min、10 圈 /min、15 圈 /min）	正确□　错误□
熟悉铣床主轴变速机构的组成。做主轴变速操作练习 1 ~ 3 次，控制在低速，如 30 r/min、75 r/min、150 r/min	正确□　错误□
熟悉铣床进给变速机构的组成。做进给变速操作练习 1 ~ 3 次，控制在低速，如 23.5 mm/min、60 mm/min、150 mm/min	正确□　错误□
熟悉铣床各机动进给操作位置。按“启动”按钮，使主轴回转，使工作台在低速状态下分别做纵向、横向、垂直方向的机动进给，停止工作台进给，再停止主轴回转	正确□　错误□

（3）整理工作

关闭机床，清理机床、场地，按表 1–14 要求进行自检，并将结果记录在表中。

建议：

1）应结合企业（学校）安全文明生产要求进行检查。

2）除自检外，还应该由卫生负责人或教师再次检查。

表 1–14　　整理自检表

自检问题	记录
各机动进给手柄是否置于空挡位置	是□　否□
各方向进给紧固手柄是否松开	是□　否□
工作台是否处于各方向进给的中间位置	是□　否□
导轨面是否涂润滑油	是□　否□
是否认真擦拭机床	是□　否□
是否认真擦拭工具、量具和其他辅具，使各物件归位	是□　否□
是否清扫工作场地	是□　否□
是否关闭电源	是□　否□

四、铣刀的装卸

1．熟悉铣刀的装卸步骤

（1）带孔铣刀的装卸

1）装卸铣刀时需要使用铣刀刀轴，叙述常用的铣刀刀轴直径（光轴直径）有几种规格。

常用的铣刀刀轴直径（光轴直径）有 22 mm、27 mm 和 32 mm 三种规格。

2）识读图 1–7，写出铣刀刀轴各组成部分的名称。

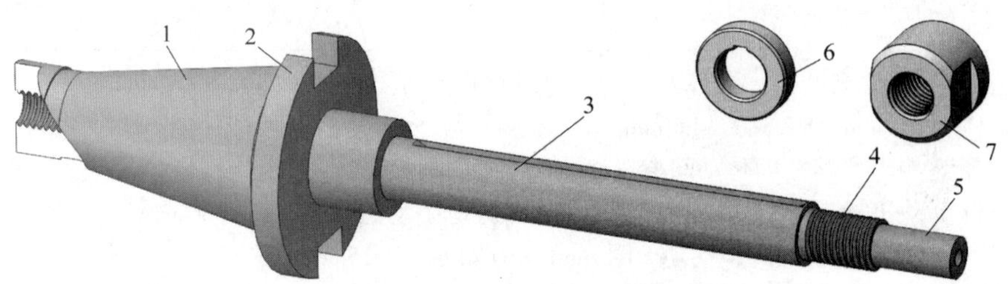

图 1–7　铣刀刀轴

1—<u>锥柄</u>　2—<u>凸缘</u>　3—<u>光轴（刀杆）</u>　4—<u>螺纹</u>

5—<u>支撑轴颈</u>　6—<u>刀杆垫圈</u>　7—<u>紧刀螺母</u>

3）阅读表 1–15 带孔铣刀的装卸步骤，填写相关内容。

表 1–15　带孔铣刀的装卸步骤

步骤	操作要点	图示
主轴的安装	（1）根据铣刀刀孔孔径选择相应直径的<u>刀杆</u> （2）安装刀轴前，应擦净铣床<u>主轴锥孔</u>和铣刀刀轴的<u>锥柄</u>。右手将刀轴的锥柄装入主轴锥孔中（安装时刀轴凸缘上的直角沟槽应<u>对准</u>主轴前端的凸键）（图 a） （3）左手顺时针（由主轴后端观察）转动主轴孔中的拉紧螺杆，使拉紧螺杆的螺母部分旋入刀轴的螺纹孔 6 ~ 7 r（图 b） （4）用扳手旋紧<u>拉紧螺杆上的背紧</u>螺母，将<u>刀杆</u>拉紧在主轴锥孔内（图 c）	 a) 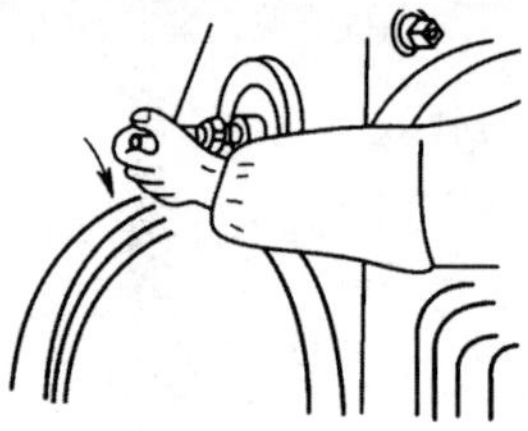　b) 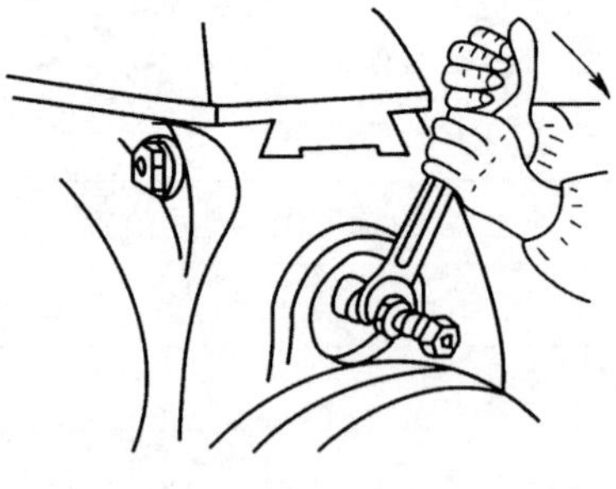 c)
横梁的调整	松开横梁的紧固螺母，调整<u>横梁</u>伸出长度	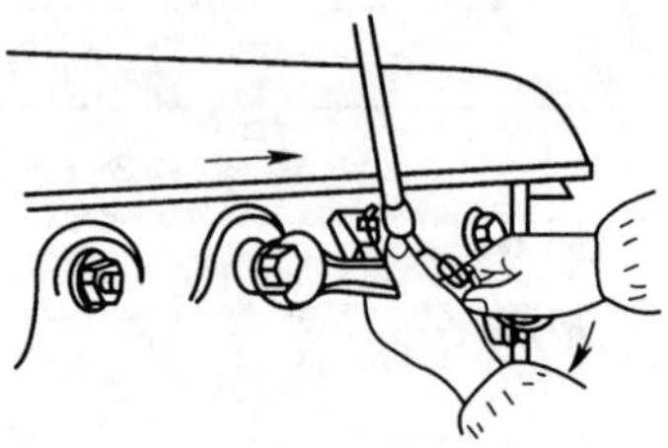

续表

步骤	操作要点	图示
铣刀的安装	（1）安装垫圈和铣刀。根据加工情况确定铣刀在刀轴上的位置，装上垫圈和铣刀，旋紧紧刀螺母。安装时应注意刀轴 与挂架轴承孔 必须留出足够的长度以供支架轴承孔配合（图 a） （2）安装挂架。将 挂架轴承孔 与 刀轴 配合部位擦干净，并注入适量的润滑油和调整挂架轴套，再将挂架装在横梁导轨上（图 b） （3）用扳手调整挂架轴套与刀轴支承轴颈的 间隙 （使用小挂架时用呆扳手调整，使用大挂架时用开槽圆螺母扳手调整）（图 c） （4）紧固挂架（图 d） （5）旋紧紧刀螺母，通过垫圈将 铣刀 夹紧在刀轴上（图 e）	a)　b) 用开槽圆螺母扳手调整挂架轴套间隙 用呆扳手调整挂架轴套间隙 c) d)　e)
铣刀的拆卸	（1）将主轴转速调至最低（30 r/min）或将主轴 锁紧 。用扳手旋转刀轴紧刀螺母，松开铣刀（图 a） （2）调节挂架轴套，然后松开并取下挂架。按 顺序 松开紧刀螺母，取下垫圈和铣刀（图 b） （3）从主轴后端观察，用扳手按逆时针方向旋松拉紧螺杆的 紧刀 螺母（图 c） （4）用 木锤或铜棒 轻击拉紧螺杆的端部，再用左手 旋松 拉紧螺杆，右手握刀轴，取下刀轴（图 d）	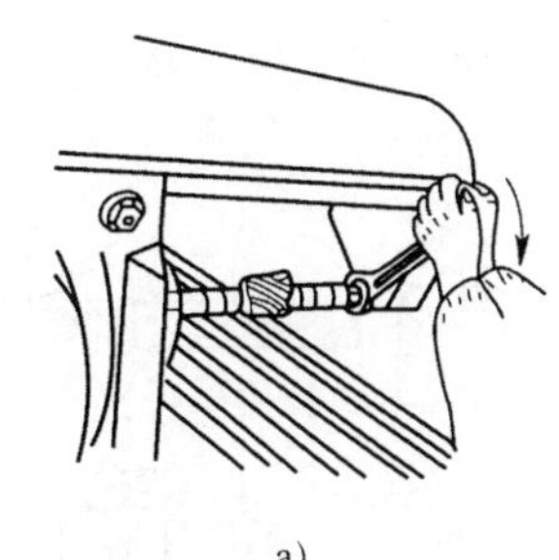 a)　b) c)　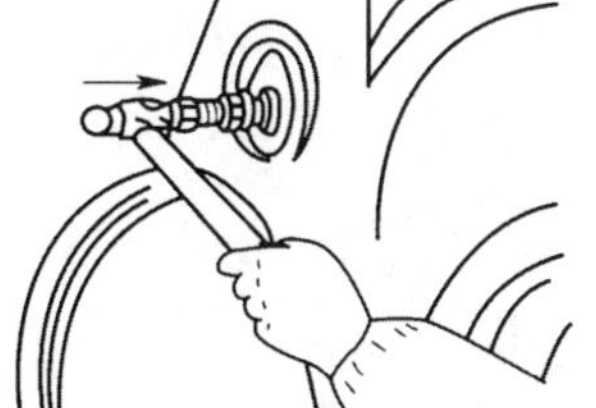 d)

（2）内孔带键槽套式铣刀的装卸

如图 1–8 所示，填写内孔带键槽套式铣刀各组成部分的名称，并叙述其安装及拆卸过程。

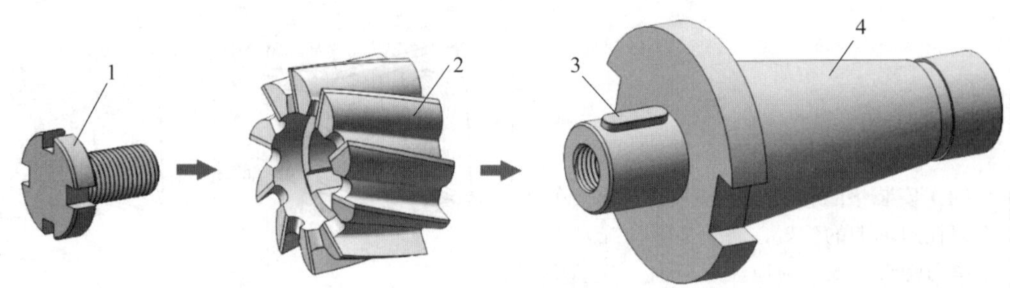

图 1–8　内孔带键槽套式铣刀

1—＿紧刀螺钉＿　2—＿铣刀＿　3—＿键＿　4—＿铣刀杆＿

（3）端面带槽套式铣刀的装卸

如图 1–9 所示，填写端面带槽套式铣刀各组成部分的名称，并叙述其安装及拆卸过程。

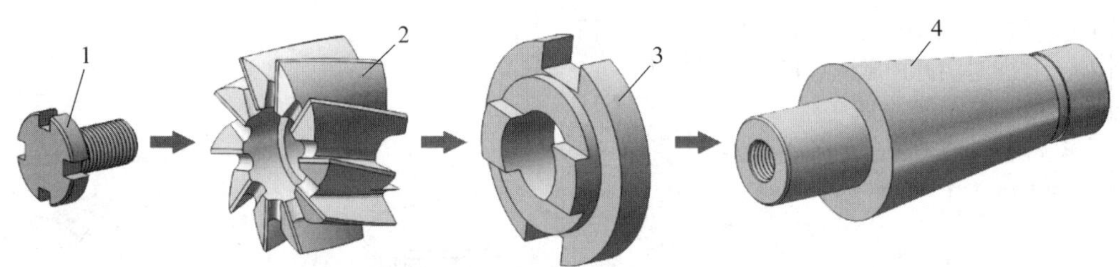

图 1–9　端面带槽套式铣刀

1—＿紧刀螺钉＿　2—＿铣刀＿　3—＿凸缘＿　4—＿铣刀杆＿

（4）用弹性夹头安装直柄铣刀

如图 1–10 所示，填写用弹性夹头安装直柄铣刀时各组成部分的名称，并叙述其安装过程。

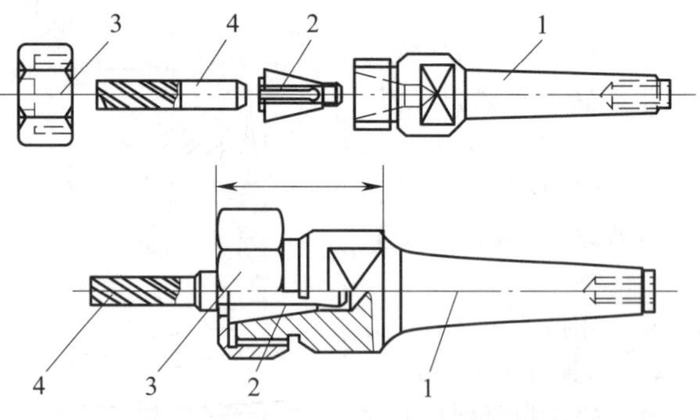

图 1–10　用弹性夹头安装直柄铣刀

1—＿锥柄＿　2—＿夹簧＿　3—＿弹簧夹头＿　4—＿铣刀＿

（5）普通铣床快换夹头的装卸

叙述如图 1–11 所示普通铣床快换夹头安装及拆卸过程。

图 1–11　普通铣床快换夹头

将铣刀刀柄插入弹簧夹套内，预留的铣刀长度在符合加工要求的前提下越短越好，再一起装入弹簧夹头的孔内，用扳手将弹簧夹头的锁紧螺母旋紧，即可将铣刀紧固。用钻夹头装夹时，将直柄铣刀直接插入钻夹头内，用其专用扳手将铣刀旋紧即可。

（6）如果现有一把三面刃铣刀，其规格为 80 mm×10 mm×27 mm，试查阅技术手册或咨询班组长等专业技术人员，确定铣刀刀轴的直径。

根据技术手册，铣刀孔径为 27 mm，因此应选择直径为 27 mm 的铣刀刀轴。

2．铣刀装卸实训练习

（1）每人按表 1–16 进行铣刀装卸操作练习，由小组其他成员判断其操作正确性，并将结果记录在表中。

建议：

1）表格中设置的内容只作为参考，可结合实际情况进行调整。

2）结合自身掌握情况，有选择地进行练习。

3）教师应及时了解每个人的练习情况，并调整和指导。

表 1–16　　铣刀装卸操作练习

操作内容	记录
带孔铣刀的装卸	正确□　错误□
内孔带键槽套式铣刀的装卸	正确□　错误□
端面带槽套式铣刀的装卸	正确□　错误□
用弹性夹头安装直柄铣刀	正确□　错误□
普通铣床快换夹头的装卸	正确□　错误□

（2）将铣刀装卸中遇到的问题记录下来，并分析产生的原因。

建议：

1）提醒学生应首先记录安全方面的问题。

2）引导学生记录可以解决的问题，尤其是解决问题的过程和经验总结。

3）引导学生记录不能解决的问题，帮助学生探究原因并找到解决问题的方法。

学习活动 2　领取工作任务，明确加工内容

学习目标

1. 能独立阅读生产任务单，明确工时、加工数量等要求，说出所加工零件的用途、功能和分类。

2. 能识读图样和工艺卡，明确加工技术要求和加工工艺。

3. 能应用刀具角度知识，说明圆柱形铣刀和面铣刀角度参数的含义、表示方法及对切削性能的影响；能在刀具几何角度示意图中用规范的标识符号标注出相应角度，并在实物中判别其位置。

4. 能叙述平口钳的安装、校正和装夹工件的方法。

5. 能根据现场条件，查阅技术手册等资料，确定符合加工技术要求的工具、量具、夹具。

建议学时：15 学时。

学习过程

领取软钳口的生产任务单、零件图样、工艺卡，明确本次加工任务的内容。

一、阅读生产任务单（表 1–17）

表 1–17　生产任务单

<table>
<tr><td colspan="2">需方单位名称</td><td colspan="2">× × × 企业</td><td>完成日期</td><td>年　　月　　日</td></tr>
<tr><td>序号</td><td>产品名称</td><td>材料</td><td>数量</td><td colspan="2">技术标准、质量要求</td></tr>
<tr><td>1</td><td>软钳口</td><td>2A12</td><td>100 件</td><td colspan="2">按图样要求</td></tr>
<tr><td>2</td><td></td><td></td><td></td><td colspan="2"></td></tr>
<tr><td>3</td><td></td><td></td><td></td><td colspan="2"></td></tr>
</table>

续表

<table>
<tr><th>序号</th><th>产品名称</th><th>材料</th><th>数量</th><th colspan="3">技术标准、质量要求</th></tr>
<tr><td>4</td><td></td><td></td><td></td><td colspan="3"></td></tr>
<tr><td colspan="2">生产批准时间</td><td>年　月　日</td><td>批准人</td><td></td><td></td><td></td></tr>
<tr><td colspan="2">通知任务时间</td><td>年　月　日</td><td>发单人</td><td></td><td></td><td></td></tr>
<tr><td colspan="2">接单时间</td><td>年　月　日</td><td>接单人</td><td></td><td>生产班组</td><td>铣工组</td></tr>
</table>

1．查阅技术手册，写出 2A12 的含义、用途及其性能。

含义：2A12 是一种高强度硬铝。

用途：主要用于制作各种承载高负荷的零件和构件（不包括冲压件和锻件），如飞机结构（蒙皮、骨架、肋梁、隔框等）、铆钉、导弹构件、卡车轮毂、螺旋桨元件及其他各种结构件。

性能：退火和淬火状态下成形性能都比较好，热处理强化效果显著，但热处理工艺要求严格。耐蚀性较差，但用纯铝包覆可以得到有效保护。焊接时易产生裂纹，但采用特殊工艺可以焊接，也可以铆接。具有优良的综合力学性能。

2．本生产任务要加工零件的数量是多少？属于什么生产类型？

本生产任务要加工零件的数量是 100 件，属于小批量生产。

3．图 1–12 所示是一些常用的钳口零件，查阅资料，写出软钳口常用哪些材料制造以及适用于哪些场合。

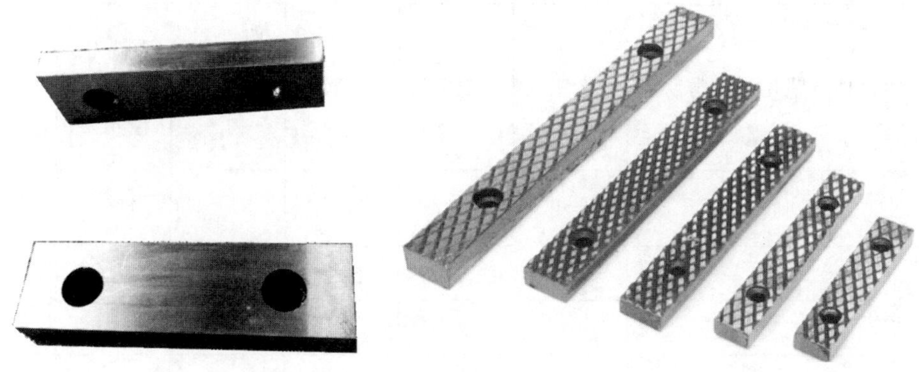

图 1–12　钳口零件

软钳口常用铝、铜等硬度较低的软金属材料制造。适用于夹持硬度较低或表面粗糙度要求较高的工件，以避免损伤其表面。

二、分析零件图（图 1–1）

1．仔细观察软钳口零件图，查询技术手册或咨询班组长等专业技术人员，总结三视图有关长、宽、高的投影规律，并写出软钳口的长、宽、高外形尺寸。

软钳口的长、宽、高外形尺寸及公差为（45±0.05）mm×（20±0.05）mm×（10±0.05）mm。

2．查阅技术手册或咨询班组长等专业技术人员，说明图样中所有几何公差的含义。

| ⊥ | 0.02 | *A* | 表示该表面相对基准面 *A* 的垂直度误差在 0.02 mm 以内。

| // | 0.02 | *A* | 表示该表面相对基准面 *A* 的平行度误差在 0.02 mm 以内。

| ⊥ | 0.08 | *A* | *B* | 表示该表面相对基准面 *A* 和基准面 *B* 的两个方向垂直度误差都在 0.08 mm 以内。

三、识读工艺卡（表 1–18）

表 1–18　　软钳口加工工艺卡

<table>
<tr><td colspan="2" rowspan="2">单位名称</td><td rowspan="2"></td><td>产品名称</td><td colspan="2">软钳口</td><td colspan="3">图号</td><td colspan="2"></td></tr>
<tr><td>零件名称</td><td colspan="2">软钳口</td><td colspan="3">数量</td><td>100</td><td>第 1 页</td></tr>
<tr><td>材料种类</td><td>棒料</td><td>材料牌号</td><td>2A12</td><td colspan="2">毛坯尺寸</td><td colspan="4">ϕ25 mm×48 mm</td><td>共 1 页</td></tr>
<tr><td rowspan="2">工序号</td><td colspan="3" rowspan="2">工序内容</td><td rowspan="2">车间</td><td rowspan="2">设备</td><td colspan="3">工具</td><td rowspan="2">计划工时</td><td rowspan="2">实际工时</td></tr>
<tr><td>夹具</td><td>量具</td><td>刃具</td></tr>
<tr><td>1</td><td colspan="3">毛坯下料</td><td>金工</td><td>锯床</td><td>平口钳</td><td>钢直尺</td><td>锯条</td><td></td><td></td></tr>
<tr><td>2</td><td colspan="3">铣六面体、钻孔、锪孔</td><td>金工</td><td>铣床</td><td>平口钳</td><td>游标卡尺、直角尺、塞尺</td><td>面铣刀、麻花钻、倒角刀</td><td></td><td></td></tr>
<tr><td>3</td><td colspan="3">去毛刺</td><td>金工</td><td></td><td>平口钳</td><td></td><td>锉刀</td><td></td><td></td></tr>
<tr><td colspan="2">更改号</td><td colspan="2"></td><td colspan="2">拟定</td><td>校正</td><td colspan="2">审核</td><td colspan="2">批准</td></tr>
<tr><td colspan="2">更改者</td><td colspan="2"></td><td colspan="2"></td><td></td><td colspan="2"></td><td colspan="2"></td></tr>
<tr><td colspan="2">日期</td><td colspan="2"></td><td colspan="2"></td><td></td><td colspan="2"></td><td colspan="2"></td></tr>
</table>

1．工序是指同一个（或一组）工人，在同一台机床（或同一场所），对同一个（或同时对几个）工件所连续完成的那一部分工艺过程。在软钳口的加工中，需要在铣床上完成的是哪几个工序？

粗铣六面、精铣六面、钻孔、锪孔等工序。

2．从工艺卡中可以看出，软钳口使用面铣刀（也可使用圆柱形铣刀）进行加工。查阅资料，回答以下问题，掌握面铣刀和圆柱形铣刀的基本知识，然后确定本次加工所用铣刀的规格。

（1）铣刀是多刃刀具，每一个刀齿相当于一把简单的刀具（切刀）。识读如图 1–13 所示切刀切削时各部分的名称和几何角度，并填写表 1–19。

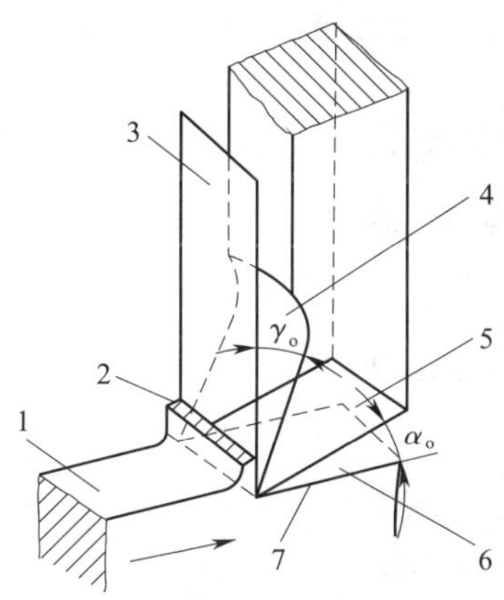

图 1–13　切刀切削时各部分的名称和几何角度

表 1–19　切刀切削时各部分的名称和几何角度

序号	名称	含义
1	待加工表面	工件上待切除的表面
2	已加工表面	工件上经刀具切削后产生的表面
3	基面	通过切削刃上选定点并与该点切削速度方向垂直的平面
4	切削平面	通过切削刃上选定点并与基面垂直的平面
5	前面	刀具上切屑流过的表面
6	后面	与工件上切削中产生的表面相对的表面
7	切削刃	在刀具前面上拟作切削用的刃
前角 γ_o		前面与基面间的夹角
后角 α_o		后面与切削平面间的夹角

（2）圆柱形铣刀可以看成由几把切刀均匀分布在圆周上而形成，如图 1–14 所示，填写其组成部分。

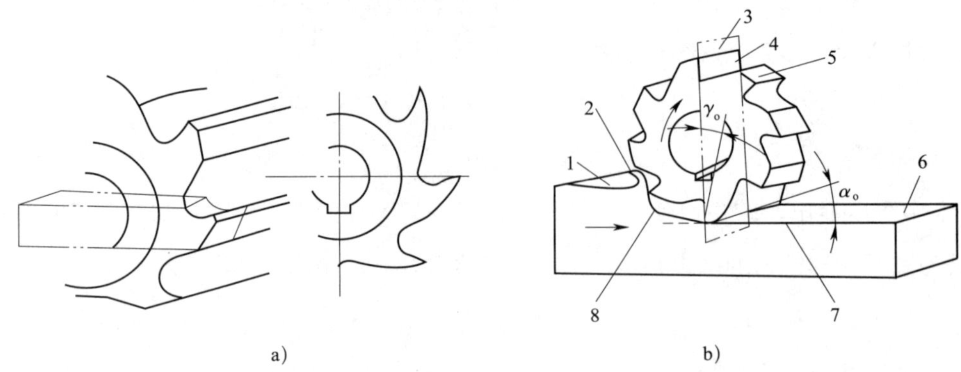

图 1–14 圆柱形铣刀
a）铣刀的构成 b）切削情况

1—待加工表面　2—切屑　3—基面　4—前面

5—后面　6—已加工表面　7—切削平面　8—过渡表面

（3）面铣刀可以看成由几把外圆车刀平行于铣刀轴线沿圆周均匀分布在刀体上而形成，如图 1–15 所示，写出面铣刀刀具角度的名称和含义，填在表 1–20 中。

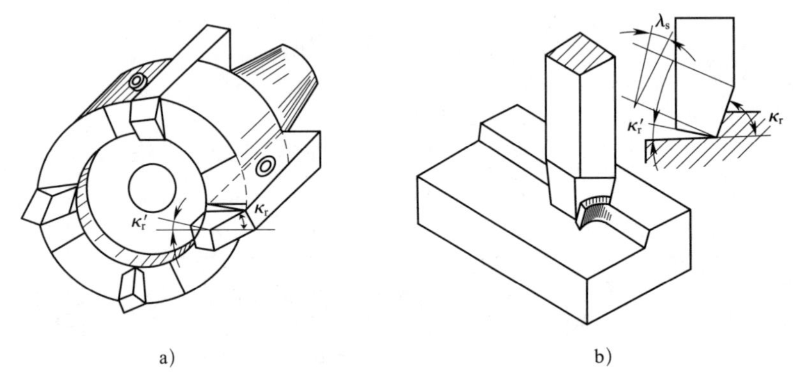

图 1–15 面铣刀
a）铣刀的构成 b）切削情况

表 1–20 面铣刀刀具角度的名称和含义

符号	名称	含义
κ_r	主偏角	面铣刀的主切削刃与已加工表面之间的夹角
κ'_r	副偏角	面铣刀的副切削刃与已加工表面之间的夹角
λ_s	刃倾角	主切削刃相对于基面倾斜的角度

（4）选择铣刀时，圆柱形铣刀的宽度、面铣刀的直径最少应大于工件最大宽度 3 ~ 5 mm。结合零件图样，试确定加工本零件时所用铣刀的规格。

本次加工如采用面铣刀铣削平面，零件宽度为（20±0.05）mm，根据面铣刀的直径最小应大于工件最大宽度 3 ~ 5 mm 的要求，应选择铣刀规格为 ϕ25 mm 的面铣刀。由于零件外形较小，不适合选用圆柱铣刀铣削，如必须使用，可选择宽度为 25 mm 的圆柱铣刀。

3．从工艺卡中可以看出，软钳口在加工时用平口钳进行装夹。查阅资料，回答以下问题，掌握用平口钳装夹工件的基本知识，然后确定加工本零件时所用平口钳的规格。

（1）填写平口钳（图 1–16）各组成部分的名称。

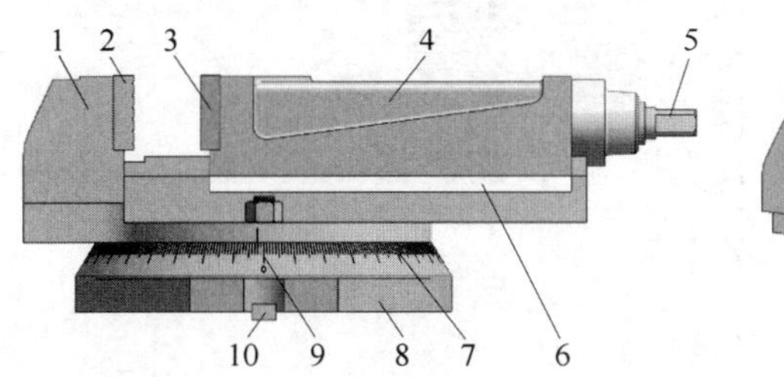

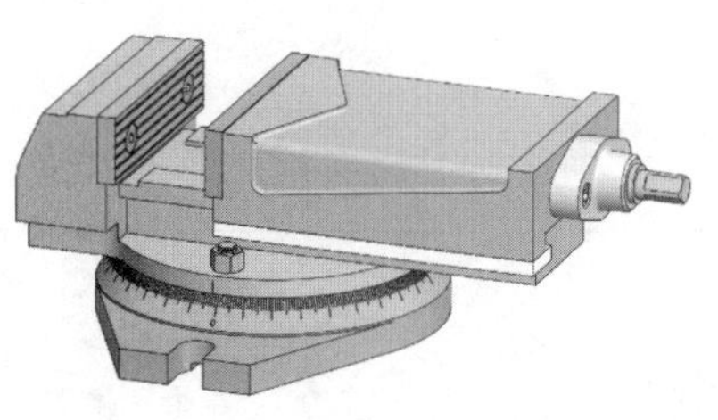

图 1–16　平口钳

1—<u>钳体</u>　2—<u>固定钳口</u>　3—<u>活动钳口</u>　4—<u>活动钳身</u>　5—<u>丝杠方头</u>

6—<u>压板</u>　7—<u>钳体刻度线</u>　8—<u>底座</u>　9—<u>钳体零线</u>　10—<u>定位键</u>

（2）阅读表 1–21 平口钳的安装方法，填写相关内容。

表 1–21　平口钳的安装方法

步骤	操作要点	图示
清理工作台	如图 a 所示，首先对工作台上 T 形槽内的脏物用<u>毛刷</u>进行清理，然后如图 b 所示，用干净的<u>抹布</u>对工作台面进行擦拭清理，直至达到要求，如图 c 所示	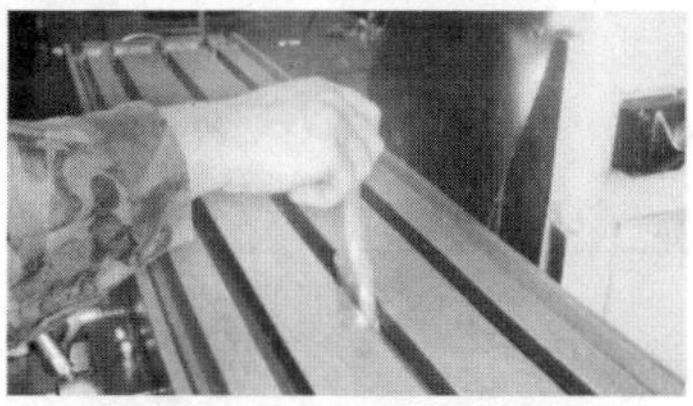 a) 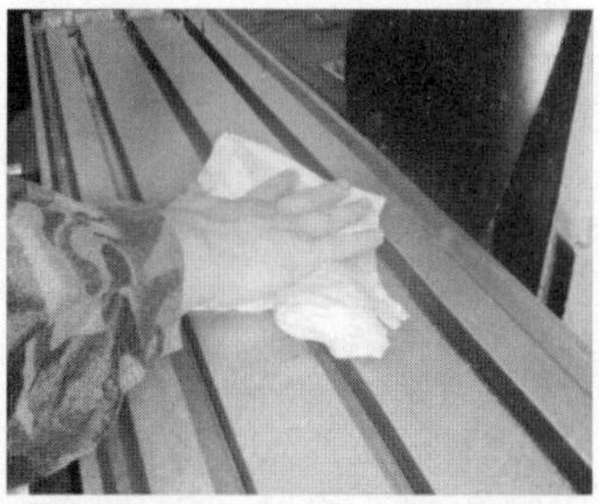 b)  c)

续表

步骤	操作要点	图示
擦拭平口钳底座	用干净的棉布对平口钳的底座进行清理，底座如有毛刺用锉刀修磨平整	
安装平口钳	平口钳一般安装在工作台靠<u>左侧</u>的位置，以便于操作	
紧固平口钳	在紧固平口钳时平口钳两侧的螺栓应<u>交替</u>旋紧	

（3）平口钳安装后，应对平口钳的固定钳口进行校正。阅读表 1–22 平口钳的校正方法，填写相关内容。

表 1–22　　平口钳的校正方法

方法	操作要点	图示	适用场合
用划针校正	用划针校正固定钳口与铣床主轴轴线垂直的方法：将划针夹持在<u>刀柄</u>垫圈间，调整工作台的位置，使划针<u>轻轻接触</u>固定钳口平面，然后移动工作台，观察并调整钳口平面与划针针尖的距离，使之在钳口全长范围内一致	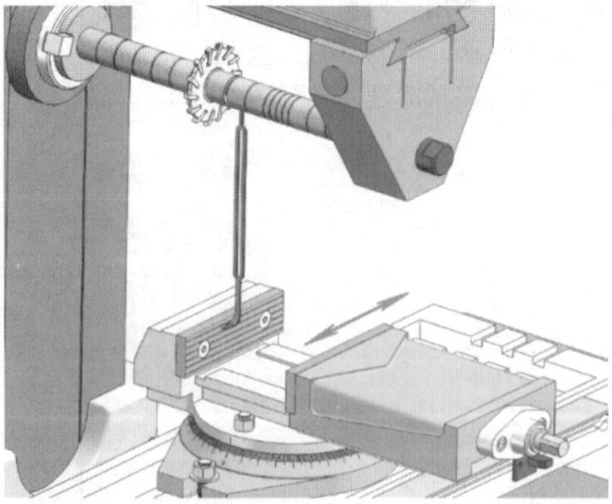	校正精度较低的场合

续表

方法	操作要点	图示	适用场合
用直角尺校正	用直角尺校正固定钳口与铣床主轴轴线平行的方法：在校正时，先__松开__底座紧固螺钉，使固定钳口平面与主轴轴线大致__平行__，再将直角尺的尺座底面紧靠在床身的垂直导轨上，调整钳体，使固定钳口平面与直角尺的外测量面密合（用__透光法__检测），然后紧固钳体。为避免紧固钳体时钳口发生偏转，紧固钳体后须再__测量__一次		校正精度中等的场合
用百分表校正	用百分表校正固定钳口与铣床主轴轴线垂直或平行的方法：校正时将磁力表座__吸附__在铣床横梁导轨上或铣床垂直导轨上，安装百分表，使测量杆与固定钳口平面大致__垂直__，再使测量头__轻轻接触__到钳口平面，将测量杆压缩量调整到__0.5__mm 左右，然后移动工作台，在钳口平面全长范围内，百分表的读数差值在规定的范围内即可		校正精度较高的场合

（4）阅读表 1–23 用平口钳装夹工件的方法，填写相关内容。

表 1–23　　用平口钳装夹工件的方法

方法	操作要点	图示
加垫铜皮	装夹毛坯时，应选择大面__平整__的面与固定钳口平面贴合，为防止损伤钳口和装夹不牢，最好在钳口和工件之间垫放铜皮，毛坯件的上面要用划针进行校正，使之与工作台面尽量__平行__。校正时，工件不宜夹得__过紧__	

续表

方法	操作要点	图示
加垫圆棒	为使工件的基准面与固定钳口平面密合，保证加工质量，在装夹时，应在活动钳口与工件之间放置一根圆棒。圆棒要与钳口的上平面__平行__，其位置大致在工件被夹持部分高度的__中间__偏上	工件 圆棒
加垫平行垫铁	为使工件的基准面与水平导轨面密合，保证加工质量，在工件与水平导轨面之间通常要放置平行垫铁，工件夹紧后，可用__木锤__或__橡胶锤__轻敲工件上平面，同时用手试着移动垫铁，当垫铁不能移动时，表明垫铁与工件及水平导轨面__平行__。敲击工件时，用力要适当且逐渐减小，若用力过__大__会因产生较__大__的反作用力而影响装夹效果	工件 平行垫铁 钳体导轨面

小提示

用平口钳装夹工件的注意事项

1. 安装平口钳时，应擦净钳座底面、工作台面；安装工件时，应擦净钳口平面、钳体导轨面及工件表面。

2. 工件在平口钳上装夹时，放置的位置应适当，夹紧后钳口的受力应均匀。

3. 工件在平口钳上装夹时，待铣去的余量层应高于钳口上平面，高出的高度以铣削时铣刀不接触钳口上平面为宜，如图 1–17 所示。

4. 工件在平口钳上装夹，当工件较薄或较高时，为减少工件振动，提高加工质量，应在工件两侧加相应高度的垫铁，如图 1–18 所示。

5. 用软钳口装夹工件时，所选择垫铁的平面度、平行度应符合要求，垫铁表面应具有一定的硬度。

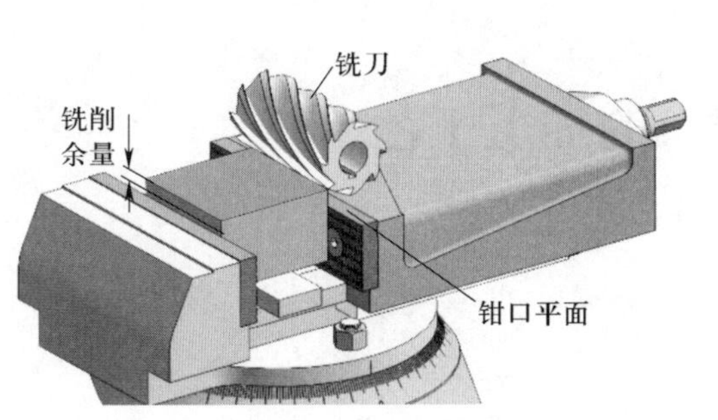

图 1–17　余量层应高于钳口平面

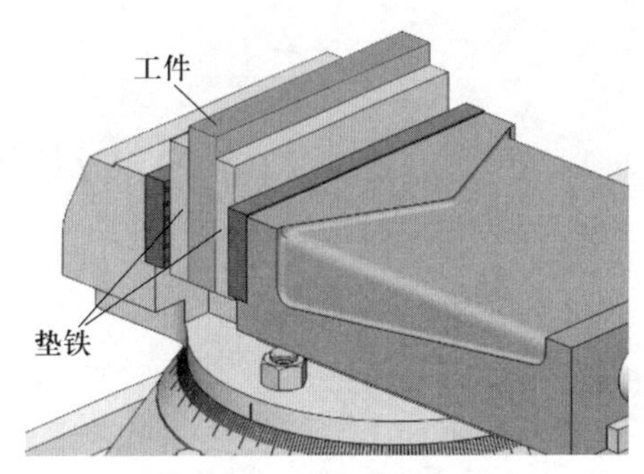

图 1–18　较薄（较高）工件的安装

（5）平口钳的规格是按钳口宽度制定的。在选择平口钳时，钳口宽度应大于零件的长度。查阅技术手册或询问班组长等技术人员，确定加工本零件时所用平口钳的规格。

常用平口钳钳口宽度有 100 mm、125 mm、136 mm、160 mm、200 mm、250 mm、280 mm 等，本次零件最大尺寸小于 100 mm，所以选用规格为 100 mm 的平口钳。

学习活动 3　制定软钳口的加工工艺

1. 能叙述基准面的确定原则并正确选择基准面。

2. 能叙述常用铣削方式、顺逆铣的概念及特征和使用场合，判别加工过程中的铣削方式，并合理使用。

3. 能叙述铣削平面的方法与钻、锪孔的方法，制定软钳口的加工步骤。

4. 能综合考虑零件材料、刀具材料、加工性质、机床特性等因素，查阅技术手册，确定切削三要素中的切削速度、进给量和切削深度，运用公式计算并选择合适的转速与进给量。

建议学时：15 学时。

学习过程

一、制定加工步骤

1．软钳口的粗加工

（1）试述粗加工的目的。

粗加工以快速切除毛坯余量为目的，在粗加工时应选用大的进给量和尽可能大的切削深度，以便在较短的时间内切除尽可能多的余量。

（2）从表 1–18 工艺卡中可以看出，毛坯的尺寸为 ϕ25 mm×48 mm，由于软钳口粗铣后还要进行精铣，外形尺寸应留多少精铣余量？长度方向是否需要进行粗加工？

外形的每个表面应留 0.3 ~ 0.5 mm 精铣余量。由于长度方向余量较少，可直接进行精加工，不需要提前进行粗加工。

（3）软钳口的加工属于平面铣削，可采用端铣加工方式，端铣是利用分布在铣刀端面上的切削刃进行铣削并形成平面的。指出图 1–19 中两张图的异同。

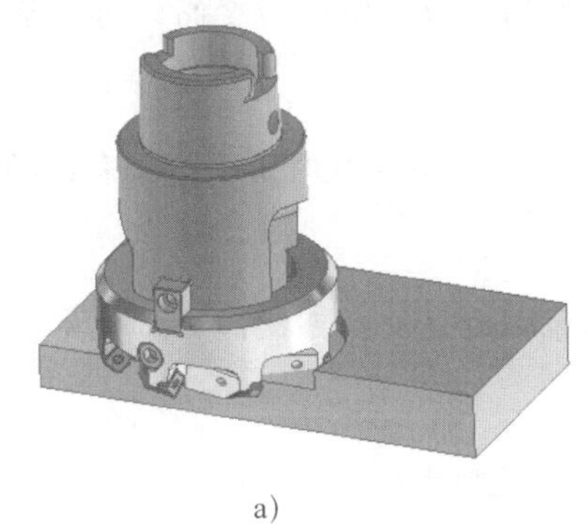

a)

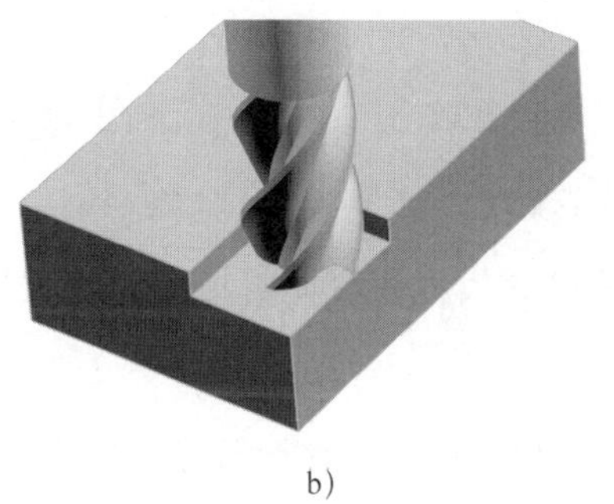

b)

图 1–19　端铣

图 1–19a 是用面铣刀铣削平面，铣刀与零件接触面积较大，可将被加工表面一次加工完成，被加工表面较平整。由于接触面积较大，切削力也会很大，易造成振动、让刀等现象，因此在铣削时切削深度与进给量不宜选择过大，另外，由于刀具直径过大，为保证切削速度，应选取较低的转速。

图 1–19b 是用立铣刀铣削平面，铣刀与零件接触面积较小，被加工表面需多次接刀才能加工完成，被加工表面易出现接刀痕迹，影响表面质量。由于接触面积较小，切削力很小，在铣削时应选择较大的进给量。刀具直径较小，为保证切削速度，应选取较高的转速。另外，由于刀具直径小，为防止切削力过大导致刀具本身弯曲让刀，实际加工时不宜选择较大的切削深度。

（4）平面铣削还可以采用圆周铣加工方式，圆周铣是利用分布在铣刀圆柱面上的切削刃进行铣削加工并形成平面的。指出图 1–20 中两张图的异同，并对比圆周铣与端铣的不同之处。

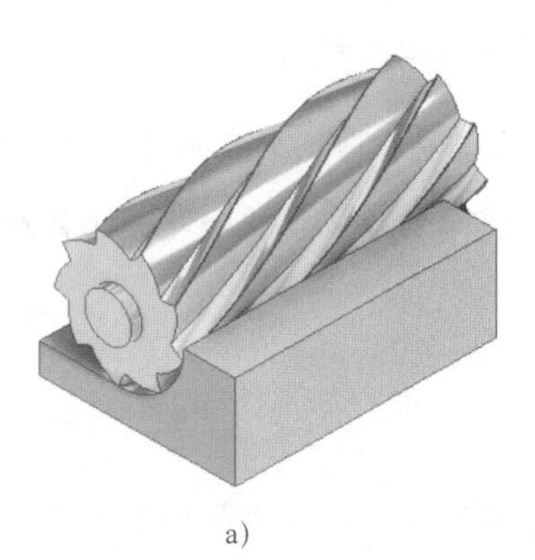

a)

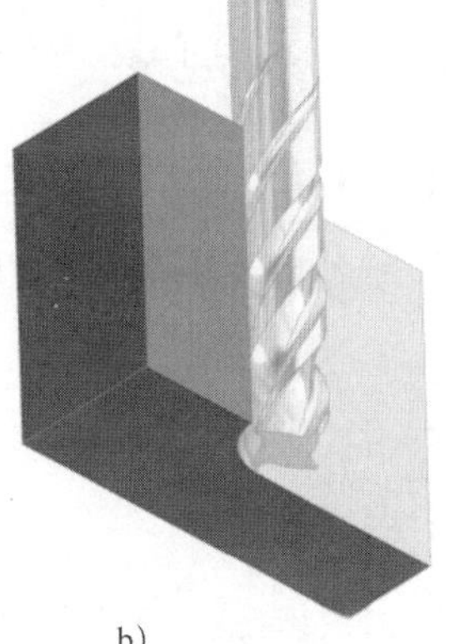

b)

图 1–20　圆周铣

1）图 1-20a 是用圆柱铣刀铣削平面，图 1-20b 是用立铣刀铣削平面。圆柱铣刀是安装在刀轴上，安装比较牢固，铣削时不易发生变形等现象；而立铣刀本身直径较小，容易变形，且只有刀柄一端固定，在加工时也容易出现弯曲让刀现象。因此圆柱铣刀适合铣削面积较大的平面，立铣刀适合精加工面积较小的平面，且由于立铣刀的端面可以进行端铣，在铣削较小的长方体零件时可以在一次装夹中完成 5 个表面的铣削，减少因多次装夹造成的各种加工误差。

2）圆周铣与端铣的不同之处

①端铣时铣刀所受的铣削力主要为轴向力，加之面铣刀刀柄较短，所以刚度高，同时参与切削的齿数多，因此振动小，铣削平稳，效率高。

②面铣刀的直径可以很大，能一次铣出较大的表面且不用接刀。圆周铣时工件加工表面的宽度受圆周刃宽度的限制，不能太宽。

③面铣刀的刀片装夹方便、刚度高，适宜进行高速铣削和强力铣削，可提高生产效率、减小表面粗糙度值。

④面铣刀每个刀齿所切下的切屑厚度变化较小，因此端铣时铣削力变化小。

⑤圆周铣时能一次切除较大的铣削层深度（铣削宽度 α_e）。

（5）用面铣刀铣削平面时，其平面度大小主要取决于铣床主轴轴线与进给方向的垂直度。参考图 1-21，如主轴轴线与进给方向不垂直，会出现什么现象？

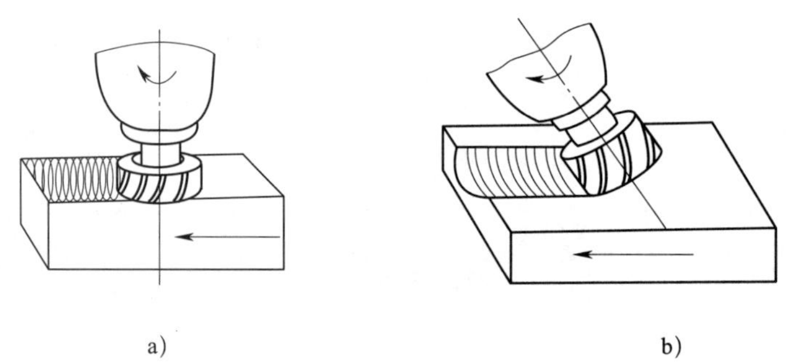

a)　　b)

图 1-21　铣床主轴轴线与进给方向的关系

若主轴轴线与进给方向不垂直，铣刀刀尖会在工件表面铣出单向的弧形刀纹，工件表面铣出一个凹面，如图 1-21b 所示。如果铣削时进给方向是从刀尖高的一端移向刀尖低的一端，还会产生“拖刀”现象；反之，可避免“拖刀”。

（6）如果出现题（5）中的问题，应对铣床主轴轴线进行校正。阅读表 1-24 铣床主轴轴线与进给方向垂直度的校正方法，填写操作要点。

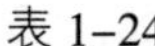

表 1–24　　铣床主轴轴线与进给方向垂直度的校正方法

方法	操作要点	图示
用百分表校正立铣头主轴轴线与工作台面的垂直度	校正时，将角形表杆固定在立铣头主轴上，安装百分表，使百分表测量杆与工作台面垂直。测量时，使测量触头与工作台面接触，测量杆压缩 0.3 ~ 0.5 mm，记下百分表读数，然后扳转立铣头主轴 180°，再次记下读数，其差值在 300 mm 长度上应不大于 0.02 mm。检测时，应断开主轴电源开关，主轴转速挂在高速挡位置上	300mm

（7）铣削平面时，经常会使用顺铣和逆铣两种铣削方式，阅读表 1–25，填写相关内容。

表 1–25　　顺铣和逆铣的比较

方式	定义	图示	优缺点
顺铣	铣削时，铣刀对工件的作用力在进给方向上的分力与工件进给方向＿相同＿的铣削方式	f	顺铣时，刀齿每次都是从工件外表面切入金属材料，所以不宜用来加工＿表面较硬＿的工件
逆铣	铣削时，铣刀对工件的作用力在进给方向上的分力与工件进给方向＿相反＿的铣削方式	f	逆铣时，铣削力的纵向分力的方向与进给力方向＿相反＿，使丝杠与螺母能始终保持在螺纹的一个侧面接触，工作台不会＿窜动＿。故生产中采用逆铣加工方式的比较多

（8）本任务在铣削平面时，应采用哪种铣削方式？

粗加工时选择逆铣，精加工时选择顺铣。

（9）平面铣削质量不仅与铣削时所用机床、夹具和铣刀的质量有关，还与切削液的合理选用等因素有关。试叙述切削液在铣削加工中的作用。

粗加工时切削液的主要作用为冷却和清洗，精加工时切削液的主要作用为润滑和防锈。

（10）结合图 1–22，阅读表 1–26 软钳口粗加工的步骤，填写相关内容。

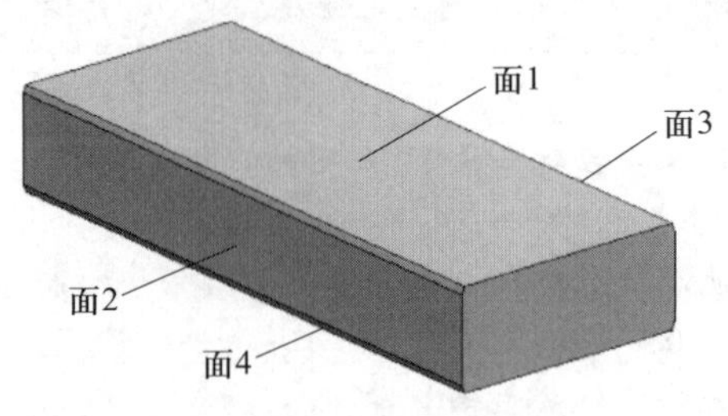

图 1–22　粗加工各面

表 1–26　软钳口粗加工的步骤

加工步骤	操作要点	图示
面 1 的铣削	检测毛坯尺寸，将圆棒装夹在平口钳内，装夹工件应 去除余量后高于 平口钳上平面 2 ~ 3 mm。铣削时应能加工出基准面而不至于铣伤平口钳钳口	
面 2 的铣削	以 面 1 为精基准靠向固定钳口。装夹工件时应计算工件高出钳口的距离，并选择合适的刀具进行铣削加工	
面 3 的铣削	以 面 1 为基准贴合固定钳口，装夹工件时应计算工件高出钳口的距离，并选择合适的刀具进行铣削加工	
面 4 的铣削	面 2 靠向固定钳口， 面 3 靠向活动钳口，装夹工件时应计算工件高出钳口的距离，并选择合适的刀具进行铣削加工	

2．软钳口的精加工

（1）铣削基准面

1）叙述基准选择原则。软钳口铣削加工时，依据图样应选择哪一个平面作为铣削的基准面?

根据基准重合原则，可选择零件图中的面 *A* 作为铣削的基准面。长方体加工时应选择较大的平面为基准，因此在精加工时应选择两个较大的平面中的任意一个作为基准面。

2）采用面铣刀精加工基准面（面 1）（图 1–23、图 1–24），在加工过程中是如何调整对刀和铣削的?

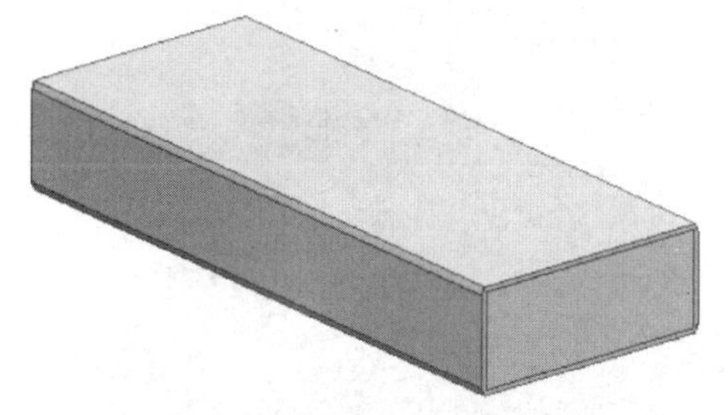

图 1–23　粗加工坯料

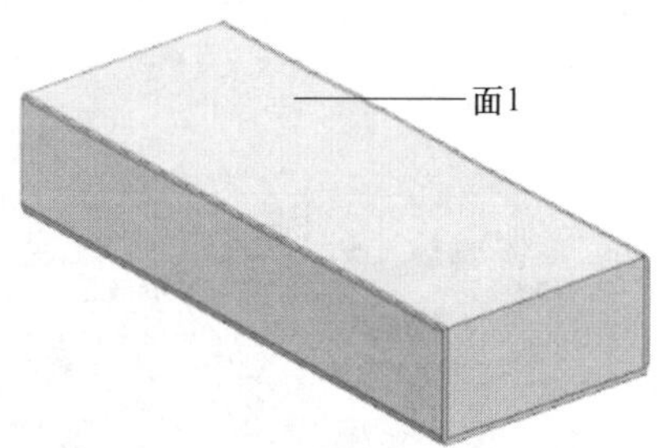

图 1–24　铣削基准面（面 1）

手动调整工件至铣刀下方，使工作台上升，让铣刀轻轻擦着工件，再纵向移动工作台将工件退出。根据所加工零件的毛坯厚度总余量情况，分配基准面的加工余量，通常将该平面铣光即可，尽可能将余量留给对面。最后机动进给铣出该平面。

（2）铣削垂直面

1）基准面加工完毕后，其相邻的面 2 与其有垂直度要求（图 1–25）。如图 1–26 所示，试阐述面 2 在加工过程中是如何安装、调整对刀和铣削的。

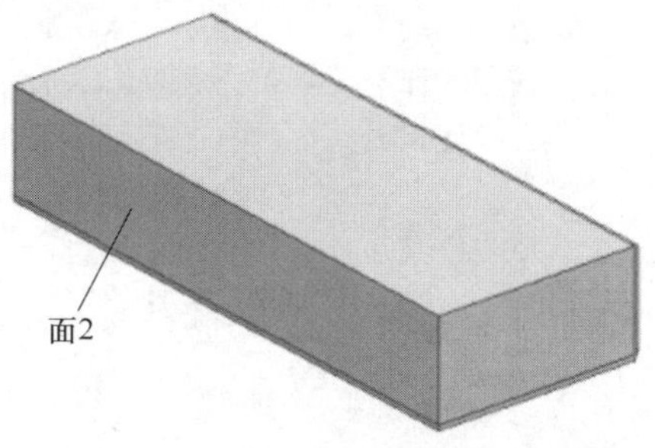

图 1–25　铣削垂直面（面 2）

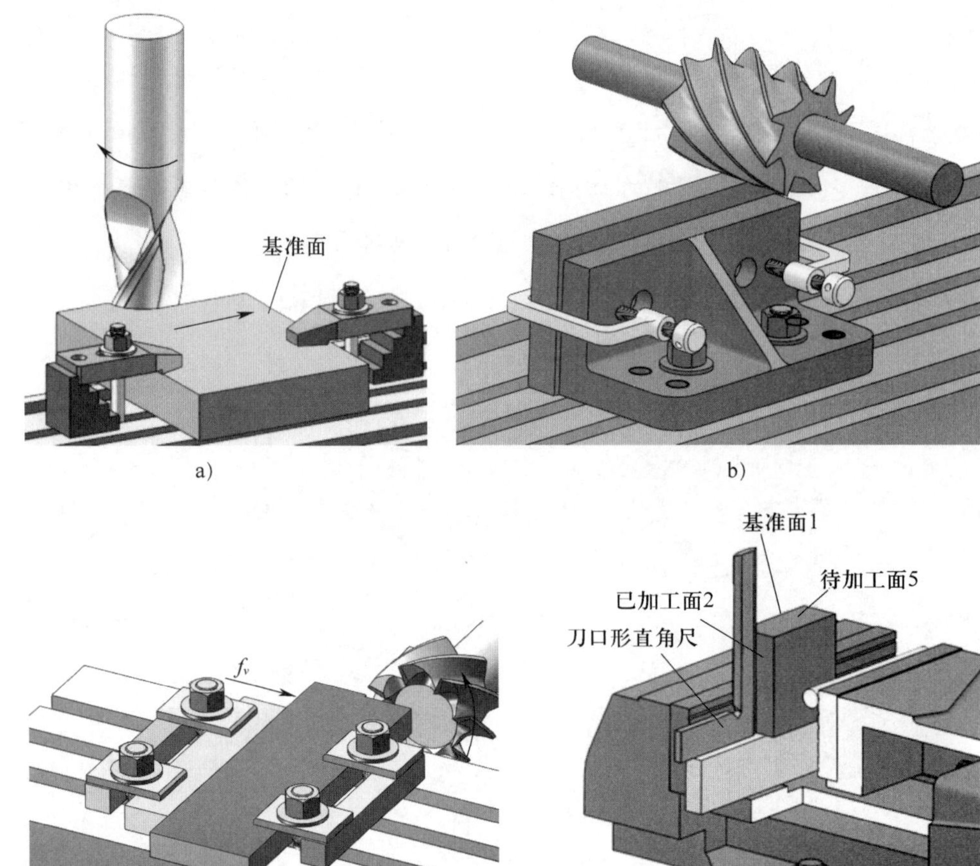

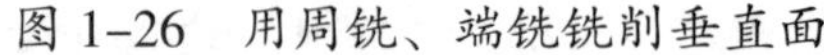
图 1–26　用周铣、端铣铣削垂直面

采用平口钳装夹工件，将铣削后的面 1 与固定钳口贴合，并轻敲工件使其与平口钳底面贴合后夹紧。

手动上升工作台并调整工件至铣刀下方，让铣刀轻轻擦着工件，再纵向移动工作台将工件退出，工作台少量（尽可能少）上升，机动进给铣出平面（也可先试铣一小段平面）。测量铣出的表面与面 1 是否垂直，如有误差，在面 1 和固定钳口间加垫铜皮来调整垂直度，再次少量铣削至表面与面 1 垂直。最后机动进给铣出该平面（见光即可）。

2）当铣削平面与有关表面有垂直度要求时，一般采用直角尺检测，如图 1–27 所示，试阐述面 2 的测量过程。

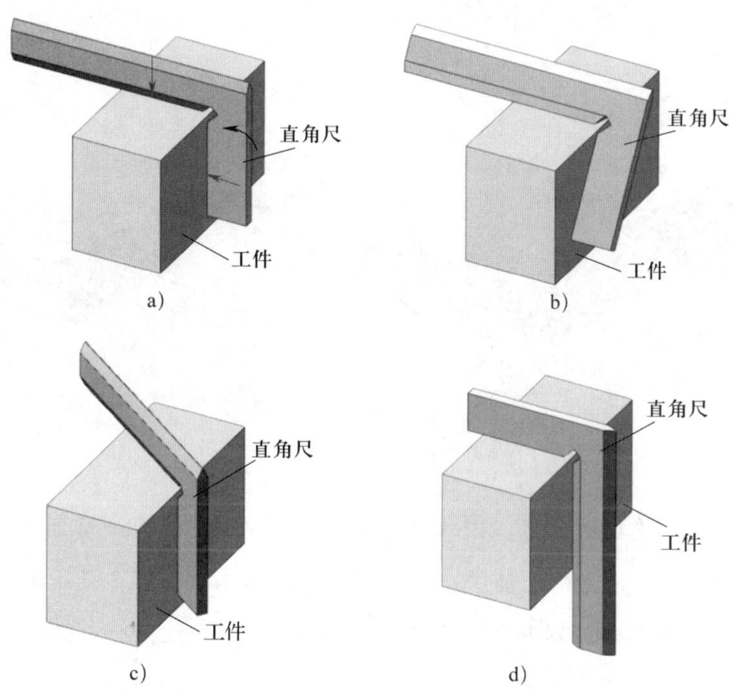

图 1–27　直角尺的使用方法

a）正确　b）尺身前后歪斜　c）尺身左右歪斜　d）角尺倒置

将基尺与基准面贴合，将直角尺顺着基准面慢慢地从上往下移动，直至直角尺与被测表面轻轻接触，观察直角尺与被测表面之间的间隙，从而判断被测表面与基准面间的垂直度是否符合要求。当间隙有准确数值要求时，可以选择与垂直度公差相同厚度的塞尺检查直角尺与被测表面之间的间隙。

3）图样中垂直度公差为 0.02 mm，如果实际测量值为 0.12 mm，分析产生这种加工误差的原因。

①固定钳口面与工作台面不垂直。

②基准面与固定钳口面未紧密贴合。

③基准面的平面度误差大从而影响工件安装时的位置精度。

④夹紧力太大，使固定钳口向外倾斜。

4）阐述在实际操作过程中修正垂直度误差具体的操作过程。

在固定钳口处垫铜皮或纸片。垫物厚度通过试切测量后确定，计算出的厚度只是理论数值，实际的垫物厚度受垫物的位置、垫物变形等多种因素影响，每次数值都会有所变化。因此这种方法操作麻烦，且不易垫准确，只是单件生产时的一种临时措施。

（3）铣削平行面

1）图样上与面 1、面 2 相对的平面叫平行面（图 1–28）。平行面 3 在加工过程中是如何调整对刀和铣削的？（图样上与面 1 平行的面 4 安装及铣削过程与面 3 相同）

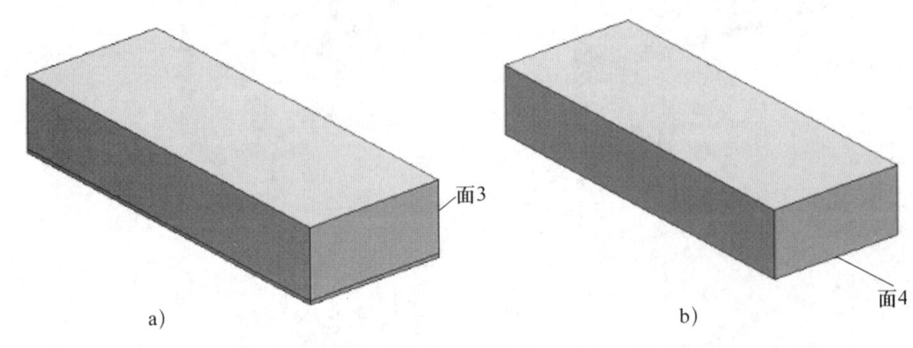

图 1–28　铣削平行面

a）铣削面 3　b）铣削面 4

铣削面 3 时要使面 2 与工作台面平行，因此在面 2 与平口钳钳体导轨面之间垫两块厚度相等的平行垫铁。夹紧工件后，用木锤轻敲工件，检查垫铁是否能够移动，从而判断面 2 是否与平口钳钳体导轨面平行。当轻推垫铁任意位置时都无法移动，则判断面 2 与平口钳钳体导轨面已经平行，这时采用机动进给铣削面 3，就能加工出与面 2 平行的面 3。

2）如图 1–29 所示，阐述题 1）中平行度误差的测量过程。

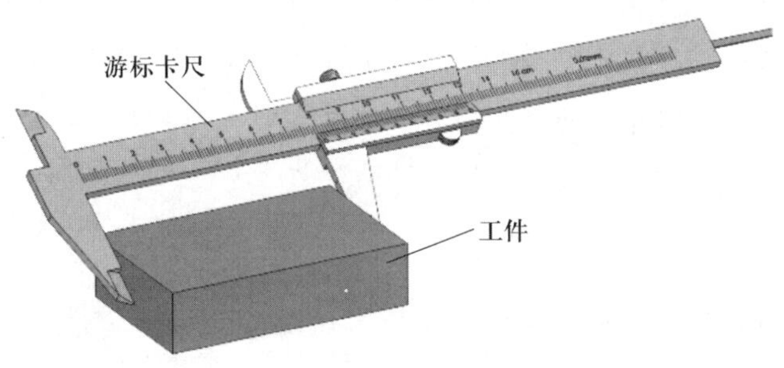

图 1–29　游标卡尺的使用方法

该测量方法是通过测量两平面间所有位置的尺寸是否相同来判断平行度是否正确的。正常选取两平面的四个角落间的尺寸进行测量，每测量一个角的尺寸后记录，如果平面较大还需对两平行面的中间的一个或多个部位进行测量，最后比较四个尺寸间的最大误差是否在平行度公差范围内。

3）图样中平行度公差为 0.02 mm，如果实际测量值为 0.12 mm，分析产生这种加工误差的原因。

①平行垫铁的厚度不相等。

②平行垫铁的上、下表面与工件基准面或平口钳钳体导轨面之间有杂物。

③工件上与固定钳口相贴合的平面与基准面不垂直。

④活动钳口与平口钳钳体导轨面间存在间隙。

4）阐述在实际操作过程中修正平行度误差具体的操作过程。

与修正垂直度误差的方法相似。在平行垫铁与基准面之间垫铜皮或纸片。垫物厚度通过试切测量后确定，计算出的厚度只是理论数值，实际的垫物厚度受垫物的位置、垫物变形等多种因素影响，每次数值都会有所变化。

5）阐述图样中尺寸（10±0.05）mm、（20±0.05）mm 在铣削时是如何保证的。

（10±0.05）mm、（20±0.05）mm 尺寸间的两个表面都应铣削，第一个面只需见光即可，避免第一个面铣出后的尺寸已经小于要求尺寸的情况。

铣削第二个面时再控制尺寸。先铣削调整两个平面间的平行度至要求。铣削尺寸时，先手动调整工件至铣刀下方，然后使工作台上升，让铣刀轻轻擦着工件，再纵向移动工作台将工件退出，工作台按照所剩余量尺寸上升，手动铣一小段平面后再纵向退出，测量试加工表面到第一个面间的尺寸是否达到要求，如果有误差，根据实际误差调整工作台上升或下降（下降时注意丝杆间隙的避免方法），通过多次试铣直至尺寸达到要求，机动进给铣出该平面。

6）阐述题 5）中的测量过程。

用游标卡尺或千分尺（根据图样要求）直接测量两平面间的尺寸。注意工件如果不卸下，直接在机床上测量，则应在装夹时就考虑是否便于测量。

7）图样中尺寸公差为 0.10 mm，如果实际测量值为 0.16 mm，分析产生这种加工误差的原因。

①调整铣削层深度时看错刻度盘。

②没有消除丝杠螺母副间的间隙，直接退回，造成尺寸铣错。

③误读图样上标注的尺寸。

④工件或平行垫铁的平面未擦净，使尺寸发生变化。

⑤精铣对刀时切痕太深，调整铣削层深度时没有去掉切痕，使尺寸铣小。

（4）铣削两端面

1）如图 1–30、图 1–31 所示，叙述面 5 的加工过程，以及图样中 | ⊥ | 0.08 | *A* | *B* | 在铣削过程中是如何保证的。

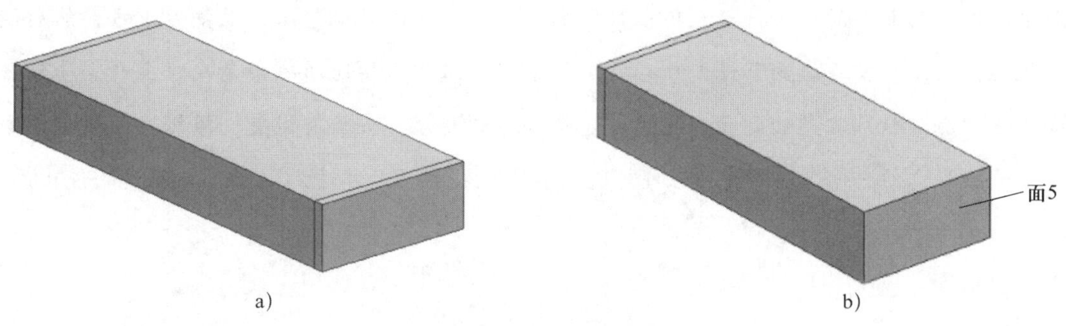

图 1–30　铣削面 5

a）两端毛坯余量　b）铣削面 5

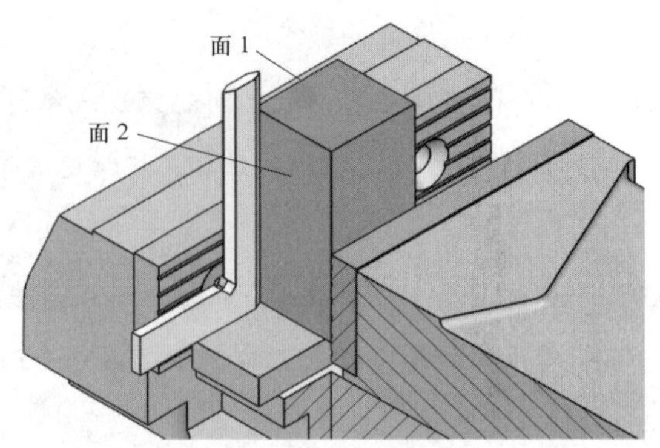

图 1–31　六面体端面垂直度的校正

将工件基准面 1 靠向固定钳口，并用直角尺校正工件的侧面与平口钳钳体导轨面垂直，夹紧工件。移动工作台，调整铣刀位置，对刀，根据余量上升工作台，自动进给铣削面 5。停车后测量。若各项技术要求合格，卸下工件，进行下一步加工。

2）阐述题 1）中的测量过程。

先观察加工表面的表面粗糙度，然后用刀口尺测量加工表面的平面度，再用直角尺检查加工表面与相邻表面的垂直度，最后用游标深度卡尺检查加工表面到对面间的剩余余量。

3）阐述图样中尺寸（45±0.05）mm 在铣削时是如何保证的（图 1–32）。

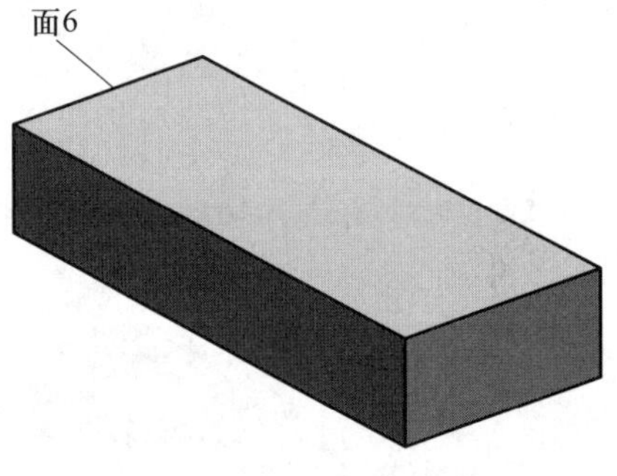

图 1–32　铣削面 6

先铣削并调整面 6 与面 5 间的平行度至要求。铣削尺寸时，先手动调整工件至铣刀下方，然后使工作台上升，让铣刀轻轻擦着工件，再纵向移动工作台将工件退出，工作台按照所剩余量尺寸上升，手动铣一小段平面后再纵向退出，测量试加工表面到面 5 间的尺寸是否达到要求，如果有误差，根据实际误差调整工作台上升或下降（下降时注意丝杆间隙的避免方法），通过多次试铣直至尺寸达到要求，机动进给铣出面 6。

（5）表面质量检测

表面粗糙度一般采用比较样块进行比较测量，图 1–33 中的表面粗糙度比较样块是按照什么分组的？如何判断表面质量是否符合要求？

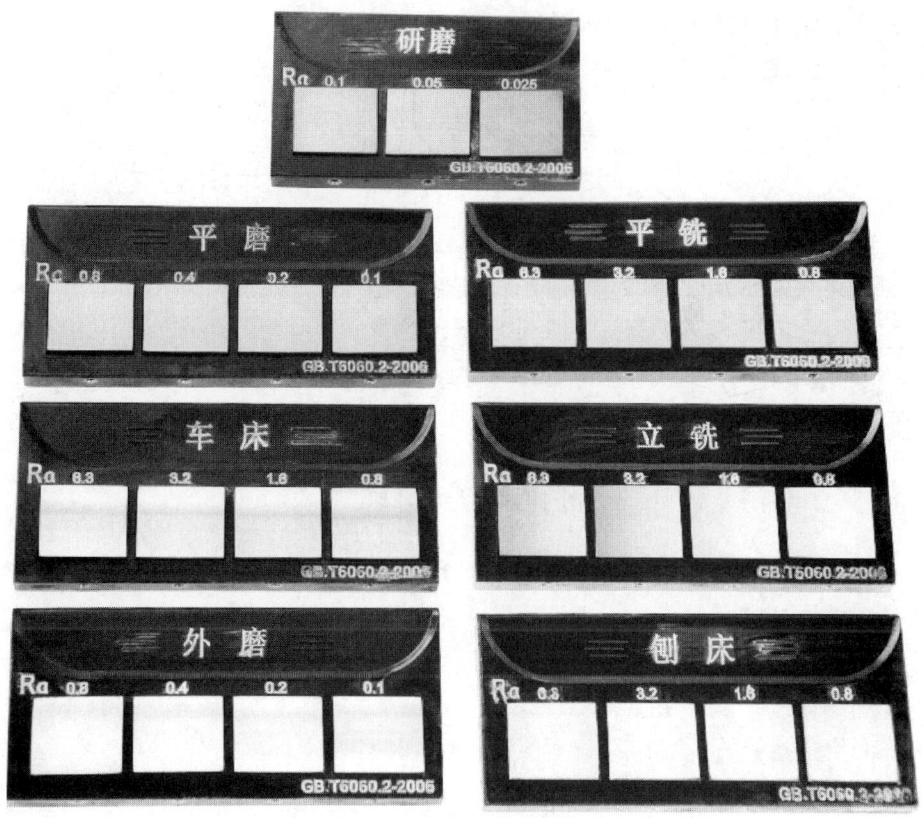

图 1–33　表面粗糙度比较样块

图 1–33 是按照加工方法分组的，每一组中再按照样块表面质量的等级分组。

将零件的表面与所要达到的表面粗糙度比较样块进行观察和比较，通过测量者的判断来确定零件表面质量是否达到要求。

（6）钻孔

1）划线时需用哪些工具及辅料?

平板、游标高度卡尺、直角尺、钢直尺、划针、划规、样冲、涂色颜料（红丹粉或蓝油）等。

2）划线的作用主要是什么?

①确定工件的加工余量，使加工时有明显的尺寸界限。

②便于复杂工件在机床上的装夹，可按划线找正定位。

③能及时发现和处理不合格的毛坯。

④当毛坯误差不大时，可以采用借料划线的方法来补救，从而提高毛坯的合格率。

3）如图 1–34 所示，阐述打样冲眼的正确过程。

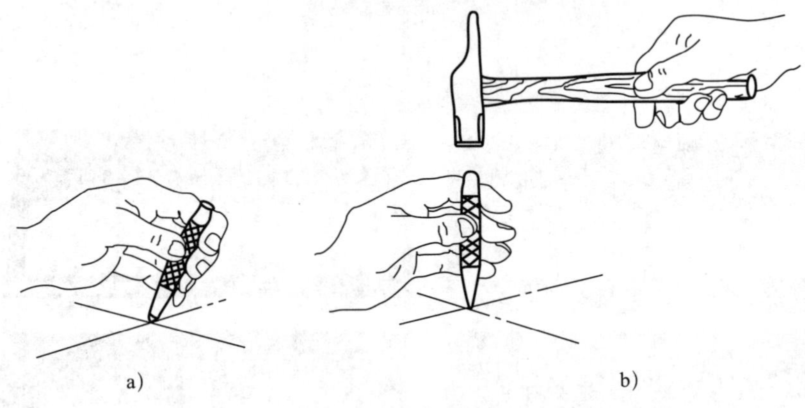

图 1–34　打样冲眼

在划好的加工界线上点出关键点位。将样冲尖头对准点位，用锤子敲击样冲后得到所需要的样冲眼。

4）如图 1–35 所示，判断样冲眼是否正确，如果错误指出错在哪里。

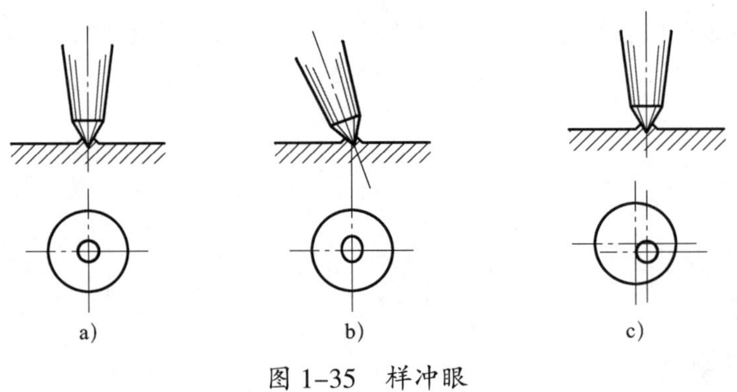

图 1–35　样冲眼

图 1–35b 和图 1–35c 是错误的。

图 1–35b 样冲眼歪斜，样冲眼的实际中心已经偏离需要的位置；图 1–35c 样冲眼偏移，样冲眼已经偏离需要的位置。

5）如图 1–36 所示，简述钻削的主运动和进给运动。

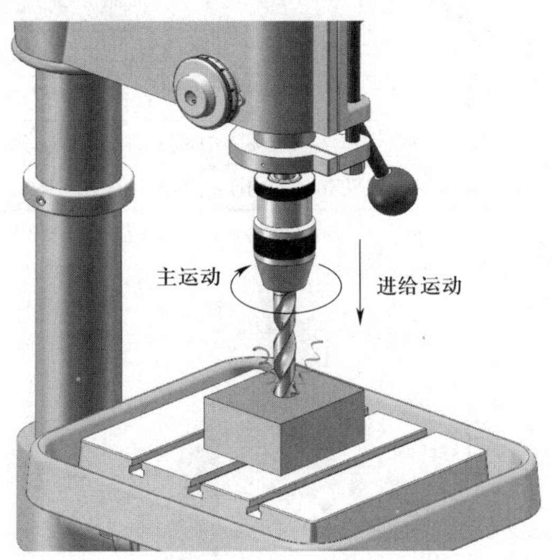

图 1–36　钻削运动

麻花钻的旋转运动是钻削的主运动，麻花钻向下移动是钻削的进给运动。

6）如图 1–37 所示，简述麻花钻的结构组成及各部分的作用。

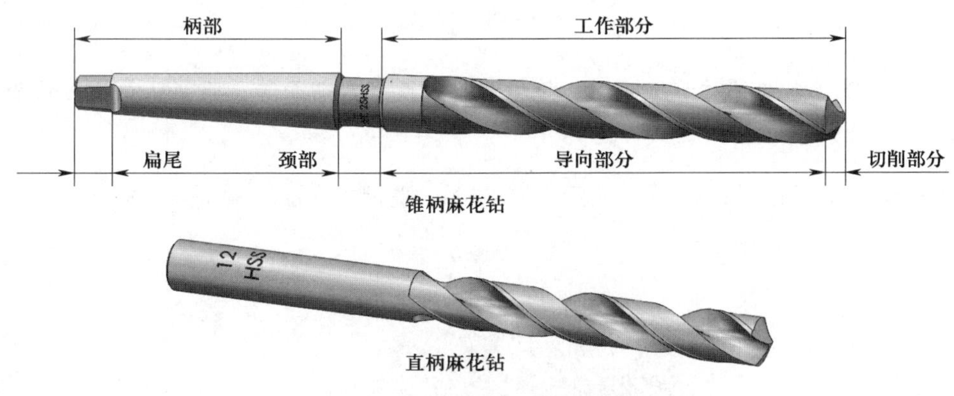

图 1–37　麻花钻结构

①柄部：柄部是麻花钻的夹持部分，装夹时起定心作用，钻削时起传递转矩的作用。麻花钻的柄部有锥柄和直柄两种。

②颈部：直径较大的麻花钻在颈部标有麻花钻直径、材料牌号和商标；直径较小的直柄麻花钻没有明显的颈部。

③工作部分：工作部分是麻花钻的主要部分，由切削部分和导向部分组成，起切削和导向作用。切削部分主要起切削作用；导向部分在钻削过程中起到保持钻削方向、修光孔壁的作用，同时也是切削的后备部分。

7）为了延长麻花钻的寿命和提高切削性能，加工时需要加切削液。钻削不同的材料需选用不同的切削液。查阅资料填写表 1–27。

表 1-27 钻削各种材料的切削液选用

工件材料	切削液
碳钢、各类结构钢	15% ~ 20% 乳化液、硫化乳化液、硫化油或活性矿物油
铸铁、黄铜	不用切削液或煤油
青铜	7% ~ 10% 乳化液、硫化乳化液
不锈钢、耐热钢	3% ~ 5% 乳化液或 10%~ 15% 极压乳化液、极压切削油、硫化油

8）如图 1-38 所示，阐述锪孔与钻孔的区别。

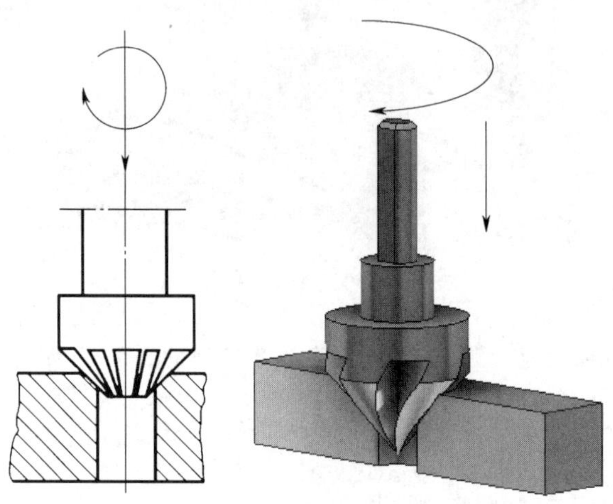

图 1-38 锪孔

锪孔指在已加工的孔上加工圆柱形沉头孔、锥形沉头孔或凸台断面等，而钻孔是指用钻头在实体材料上加工出孔的操作。

9）如图 1-39 所示，叙述孔的加工过程，以及图样中孔的位置尺寸 9 mm、30 mm 在铣削过程中是如何保证的。

图 1-39 软钳口钻孔

按图样要求划线后，把工件装夹在工作台上，根据划线位置用立铣头先钻出第一个孔，把孔距尺寸换算成纵向、横向坐标尺寸，然后按尺寸在纵向、横向分别移动工作台，结合划线位置，再钻第二个孔。一般立铣床手柄上的刻度每格为 0.05 mm，因此加工出的孔距精度能保证在 ±0.05 mm 范围以内。

二、识读工序卡

识读表 1-28 软钳口加工中铣六面体、钻孔、锪孔工序的工序卡。

表 1–28

软钳口加工工序卡

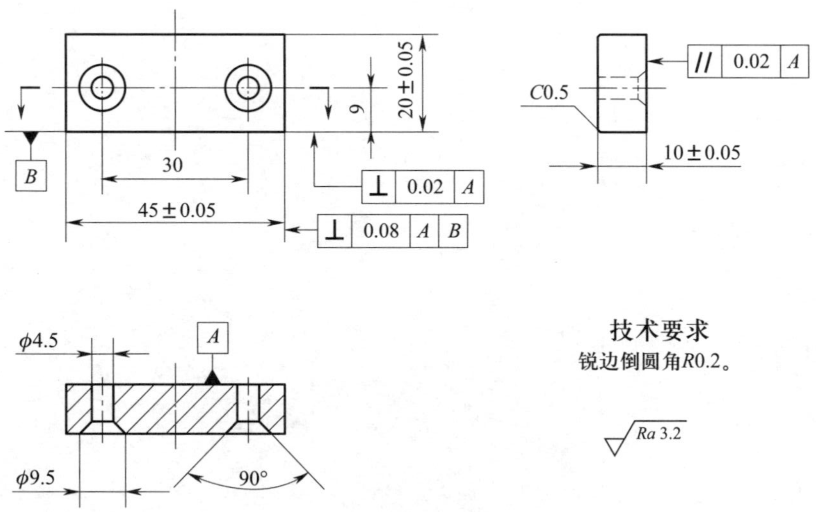

软钳口加工工序卡	产品型号		零件图号			
	产品名称		零件名称	软钳口	共　页	第　页

车间	工序号	工序名称	材料牌号	
铣工	2	铣六面体、钻孔、锪孔		
毛坯种类	毛坯外形尺寸	每毛坯可制件数	每台件数	
矩形料	11 mm × 21 mm × 46 mm	1		
设备名称	设备型号	设备编号	同时加工件数	
立式铣床	X5032			
夹具编号		夹具名称	切削液	
2		平口钳		
工位器具编号		工位器具名称	工序工时（分）	
			准终	单件

C0.5　10±0.05　20±0.05　9　30　45±0.05　0.02 A　0.08 A B　φ4.5　φ9.5　90°

技术要求

锐边倒圆角R0.2。

Ra 3.2

工步号	工步内容	工艺装备	主轴转速 /（r · min^{-1}）	切削速度 /（m · min^{-1}）	进给量 /（mm · min^{-1}）	切削深度 /mm	进给次数	工步工时 机动	工步工时 辅助
1	铣削基准面	平口钳	600	151	40	0.2	1		
2	铣削第二面	平口钳	600	151	40	0.2	1		
3	铣削第三面	平口钳	600	151	40	0.8	多次		
4	铣削第四面	平口钳	600	151	40	0.8	多次		
5	铣削第五面	平口钳	600	151	40	0.5	多次		
6	铣削第六面	平口钳	600	151	40	0.5	多次		
7	钻孔	平口钳	900	13	手动匀速	2.25	1		
8	锪孔	平口钳	900	27	手动匀速	2.5	1		
				设计（日期）	校对（日期）	审核（日期）	标准化（日期）	会签（日期）	

工序卡中的主轴转速、切削速度、进给量、切削深度被称为铣削用量。铣削用量是指在铣削过程中所选用的切削用量。加工前需根据零件材料、机床、刀具、夹具等进行铣削用量的选择。假设本任务采用面铣刀进行软钳口的铣削加工，铣刀的直径为 80 mm，主轴转速 n=600 r/min，刀具的齿数 z=4。通过查阅技术手册计算验证工序卡中的切削速度、进给量。

已知铣刀的直径为 80 mm，刀具的齿数 z=4。

由于所加工零件的材料为铝合金，铣削性质为粗、精铣，根据技术手册选取每齿进给量的推荐值为 0.20 mm/ 齿；又根据技术手册的推荐值及铣刀耐用度等综合考虑，铣削速度可选取为 200 m/min。

$$n=\frac{1\,000\,v}{\pi d}=\left(\frac{1\,000\times 200}{3.14\times 80}\right)\text{r/min}\approx 796.2\ \text{r/min}$$

根据机床铭牌上的数值，主轴转速应调整到 796.2 r/min 以下，表格中为 600 r/min 没有问题。

$$v_f=f_z zn=(0.2\times 4\times 600)\ \text{mm/min}=480\ \text{mm/min}$$

根据机床铭牌上的数值，进给量应调整到 480 mm/min，精加工可更小，表格中为 40 mm/min，数值偏小，虽不影响加工质量但降低了加工效率。

学习活动4　软钳口的加工

学习目标

1. 能了解车间和工作区的范围和限制，理解企业在环境、安全、卫生和事故等方面的标准。

2. 能按零件图样要求，测量毛坯外形尺寸，判断毛坯是否有足够的加工余量。

3. 能规范使用平口钳装夹工件并校正。

4. 能规范装夹刀具，确保刀具安全性，并根据加工要求，运用适当对刀方法正确对刀。

5. 能检查铣床功能完好情况，按操作规程进行加工前机床润滑、预热等准备工作。

6. 在加工过程中，能严格按照铣床操作规程操作铣床，按工步切削工件；根据切削状态调整切削用量，保证正常切削；适时检测，保证精度。

7. 能根据图样技术要求合理选择检验用具，对工件进行检测，保证加工质量。

8. 能通过查阅技术手册正确选择粗、精基准，使用圆柱形铣刀或面铣刀对软钳口进行铣削加工。

9. 能正确选择麻花钻与锪孔钻，对软钳口上的孔进行加工。

10. 能在加工完毕后，按照图样要求进行自检，并按车间现场管理规定，正确放置零件。

11. 能按产品工艺流程和车间要求，进行产品交接并确认。

12. 能按“6S”管理规定，整理现场，保养机床，并填写交接班记录。

13. 能按国家环保相关规定和车间要求，正确处置废油液等废弃物。

建议学时：25 学时。

学习过程

一、填写领料单（表 1–29）并领取材料

建议：重点在于学生能否规范填写并执行该表单，领取材料是工作流程中的必备环节，应注重培养学生养成良好的习惯。

表 1–29　　领料单

填表日期：　　年　　月　　日

领料部门		审核部门				
领料人		审核人				
材料名称	材料规格及型号	数量		单位	单价	总价
		请领	实发			

发料人：　　　　发料日期：　　年　　月　　日

二、填写工量具清单（表 1–30）并领取工量具

建议：领取工量具的同时要求学生对软钳口的加工进行梳理和总结，确保所领取的工量具可完成加工任务，同时引导学生拓展学习其他相关工量刃具。

表 1–30　　工量具清单

序号	工量具名称	规格	数量	需领用

三、进行加工

在实训场地按照表 1–31 操作过程的提示，完成软钳口的加工。

建议：

1. 教师巡回指导，纠正学生的不规范操作。
2. 表扬操作认真的学生，及时提醒参与度不高的学生并了解原因。
3. 引导学生根据表格内容进行实际操作。
4. 引导学生记录操作过程中的成功经验与失败原因。
5. 通过软钳口加工，检查学生平面铣削的掌握情况。
6. 做好考核工作安排，指派专人担任安全文明生产管理员、质量控制员等，强调安全及考核标准，做好时间控制。

表 1–31　　操作过程

<table>
<tr><th colspan="2">操作步骤</th><th>操作要点</th></tr>
<tr><td colspan="2">1. 加工前准备工作</td><td>按操作规程，加工零件前首先要检查各手柄的原始位置是否正常及各进给方向的停止挡铁是否在限位柱范围内，是否牢靠，然后完成机床润滑、预热等准备工作</td></tr>
<tr><td rowspan="3">2. 软钳口外形粗加工</td><td>（1）选择和安装铣刀，并调整铣刀主轴转速、工作台进给量</td><td> 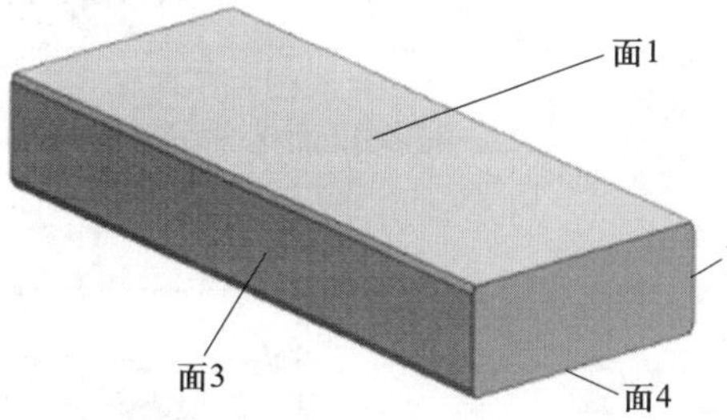1）根据毛坯尺寸，选择合适规格的面铣刀刀盘。由于毛坯尺寸为 ϕ25 mm × 48 mm，选择面铣刀刀盘直径为 50 mm。根据硬质合金铣刀切削普通铝件的切削速度要求，将主轴转速选择为 600 r/min。根据面铣刀刀头数量，结合每分进给量和主轴转速，将工作台进给量选择为 118 mm/min（2 把刀头）
2）将选择好的面铣刀安装到铣床上，并调整主轴转速至所选转速，进给量调至所选数值
注意：安装铣刀和变速时要严格按照操作规程进行，以免发生事故</td></tr>
<tr><td>（2）检查工件毛坯，确定各平面的铣削深度</td><td>根据毛坯尺寸 ϕ25 mm × 48 mm，工件粗加工尺寸 11 mm × 21 mm × 48 mm，确定加工面 1、面 4 时的加工余量为 7 mm，即铣削深度 a_p 为 7 mm，加工面 2、面 3 时的加工余量为 2 mm，即铣削深度 a_p 为 2 mm</td></tr>
<tr><td>（3）用平口钳装夹，完成各平面的铣削</td><td>1）首先用棉纱擦净平口钳底座结合面和铣床工作台表面，将平口钳紧固在工作台面上。将棒料及合适的软钳口放入平口钳两钳口之间，调整好位置，轻紧工件后，用划线盘校正毛坯待加工的上平面 1，使上平面减去加工余量外仍高出平口钳上平面 2 ~ 3 mm，以免铣削时铣伤钳口，然后夹紧工件。移动工作台，调整铣刀位置，对刀，移距，自动进给铣削平面 1。停车后，观察加工表面的表面粗糙度，用刀口尺检验工件平面度，用游标深度卡尺检查面 1 与软钳口间的尺寸并记录。合格后卸下工件，用锉刀去除毛刺</td></tr>
</table>

续表

操作步骤		操作要点
2. 软钳口外形粗加工	（3）用平口钳装夹，完成各平面的铣削	2）将工件基准面 1 靠向固定钳口，放入钳口调整好位置，使上平面 2 减去加工余量外仍高出平口钳上平面 2 ~ 3 mm，然后夹紧工件。移动工作台，调整铣刀位置，对刀，移距，自动进给铣削面 2。停车后，观察加工表面的表面粗糙度，用刀口尺检验工件平面度，用锉刀去除毛刺。然后用直角尺检查垂直度，用游标深度卡尺检查剩余余量情况。若各项技术要求合格，卸下工件，进行下一步工作 3）将基准面 1 靠向固定钳口，在平口钳钳体导轨面和工件面 2 之间垫一尺寸合适的垫铁，夹紧工件，用铜棒将工件轻轻敲实，直至用手不能晃动垫铁为合适。移动工作台，调整铣刀位置，对刀，根据剩余余量上升工作台，自动进给铣削面 3。停车后，观察加工表面的表面粗糙度，用刀口形直尺检验工件平面度，用锉刀去除毛刺，然后用游标深度卡尺检查 21 mm 尺寸是否合格。若尺寸过大，可根据剩余余量，继续加工至尺寸合格，合格后卸下工件，再进行下一步工作 4）以铣好的面 2 作次要基准贴向固定钳口，基准面 1 作为主基准，朝下并在其与平口钳钳体导轨面之间垫两块高度相等的垫铁，夹紧工件，用铜棒将工件轻轻敲实，直至用手不能晃动垫铁为合适。移动工作台，调整铣刀位置，对刀，根据剩余余量上升工作台，自动进给铣削面 4。停车后，观察加工表面的表面粗糙度，并用刀口尺检验工件平面度，用锉刀去除毛刺，然后用游标深度卡尺检查 11 mm 尺寸是否合格。若尺寸过大，可根据剩余余量，继续加工至尺寸合格，合格后卸下工件。由于加工余量较小，故两端面不做粗加工铣削
3. 软钳口外形精加工	（1）检查工件毛坯，确定各平面铣削深度	根据粗加工毛坯尺寸 11 mm × 21 mm × 48 mm 和工件完工尺寸 10 mm × 20 mm × 45 mm，确定各加工面的加工余量，从而确定铣削深度
	（2）用平口钳装夹，完成各平面的铣削	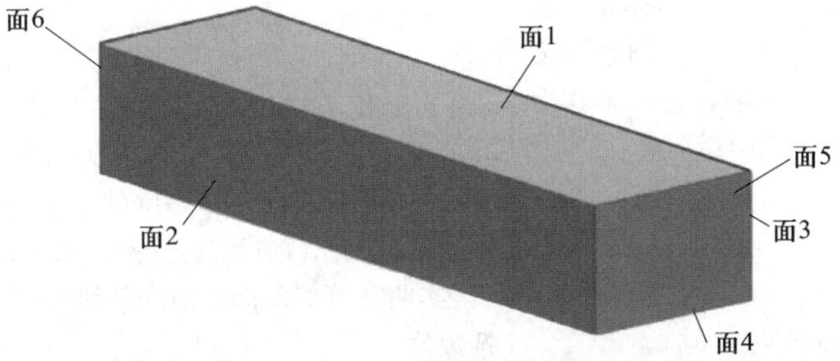 面6 面1 面5 面3 面2 面4 1）将长条形坯料的面 2 靠向固定钳口，放入钳口调整好位置，轻紧工件后，用划线盘校正毛坯待加工的上平面 1，使上平面与划针尖间的缝隙各处基本保持一致后夹紧工件。移动工作台，调整铣刀位置，对刀，移距，自动进给铣削面 1。停车后，观察加工表面的表面粗糙度，并用刀口尺检验工件平面度，合格后卸下工件，用锉刀去除毛刺。用游标深度卡尺检查面 1、面 4 间的尺寸并记录 2）将工件基准面 1 靠向固定钳口，放入钳口调整好位置，并在工件与活动钳口之间位于活动钳口一侧中心的位置上加一根圆棒，轻紧工件后，用划线盘校正毛坯待加工的上平面 2，使上平面与划针尖间的缝隙各处基本保持一致后夹紧工件。移动工作台，调整铣刀位置，对刀，移距，自动进给铣削面 2。停车后，观察加工表面的表面粗糙度，并用刀口尺检验工件平面度，用锉刀去除毛刺。然后用直角尺检查垂直度，用游标卡尺检查剩余余量情况。若各项技术要求合格，卸下工件，进行下一步工作

续表

操作步骤		操作要点
3. 软钳口外形精加工	（2）用平口钳装夹，完成各平面的铣削	3）将基准面 1 靠向固定钳口，在平口钳钳体导轨面和工件面 2 之间垫一块尺寸合适的垫铁，夹紧工件，用铜棒将工件轻轻敲实，直至用手不能晃动垫铁为合适。移动工作台，调整铣刀位置，对刀，根据剩余余量上升工作台，自动进给铣削面 3。停车后，观察加工表面的表面粗糙度，并用刀口尺检验工件平面度，用锉刀去除毛刺。然后用游标深度卡尺检查（20 ± 0.05）mm 尺寸是否合格。若尺寸过大，可根据剩余余量，继续加工至尺寸合格，卸下工件，再进行下一步工作 4）以铣好的面 2 作次要基准贴向固定钳口，基准面 1 作为主基准，朝下并在其与平口钳钳体导轨面之间垫两块高度相等的平行垫铁，夹紧工件，用铜棒将工件轻轻敲实，直至用手不能晃动垫铁为合适。移动工作台，调整铣刀位置，对刀，根据剩余余量上升工作台，自动进给铣削面 4。停车后，观察加工表面的表面粗糙度，并用刀口尺检验工件平面度，用锉刀去除毛刺。然后用游标深度卡尺检查（10 ± 0.05）mm 尺寸是否合格。若尺寸过大，可根据剩余余量，继续加工至尺寸合格，卸下工件，再进行下一步工作 5）将工件基准面 1 靠向固定钳口，并用直角尺校正工件的侧面与平口钳钳体导轨面垂直，夹紧工件。移动工作台，调整铣刀位置，对刀，根据余量上升工作台，自动进给铣削面 5。停车后，观察加工表面的表面粗糙度，并用刀口尺检验工件平面度，用锉刀去除毛刺。然后用直角尺检查垂直度，用游标深度卡尺检查剩余余量情况。若各项技术要求合格，卸下工件，进行下一步工作 6）将工件基准面 1 靠向固定钳口，面 5 紧贴钳口导轨面，并用直角尺校正工件的侧面与平口钳钳体导轨面垂直，夹紧工件。移动工作台，调整铣刀位置，对刀，根据剩余余量上升工作台，自动进给铣削面 6。停车后，检查加工表面的表面粗糙度，并用刀口尺检验工件平面度，用锉刀将所有锐边倒角。然后用游标深度卡尺检查（45 ± 0.05）mm 尺寸是否合格，若尺寸过大，可根据剩余余量，继续加工至尺寸合格，卸下工件
4. 孔加工	（1）钻孔	将工件的面 2 靠向固定钳口，放入钳口用平行垫铁调整好位置，轻紧工件后用木锤轻轻敲击工件，确保平行垫铁与平口钳导轨面及工件底面接触后夹紧工件。移动工作台，调整麻花钻位置，对刀，移距，试钻停车后，检查孔到边的距离，正确后手动进给钻削第一个孔。钻好后再次检查尺寸，然后移动一个孔距钻削第二个孔
	（2）锪孔	第二个孔钻好后，不移动纵横向工作台，更换锪孔钻锪削第二个孔的锥孔。加工到尺寸后，移动一个孔距，锪第一个孔。合格后卸下工件
5. 加工后整理工作		加工完毕后，按照图样要求进行自检，正确放置零件，并进行产品交接确认；按照国家环保相关规定和车间要求，整理现场，正确处置废油液等废弃物；按车间规定填写交接班记录和设备日常保养记录卡

学习活动 5　软钳口的测量及误差分析

学习目标

1. 能利用量具完成软钳口各要素的直接和间接测量。

2. 能根据软钳口的检测结果，分析误差产生的原因。

3. 能正确、规范地使用工量具，并对其进行合理保养和维护。

4. 能根据检测结果正确填写检验报告单。

5. 能按检验室管理要求正确放置检验工量具。

建议学时：15 学时。

学习过程

一、检测工件

对工件进行检测，并将结果填写在表 1–32 中。

建议：

1. 使用游标卡尺、外径千分尺和表面粗糙度比较样块等测量零件，锻炼学生测量尺寸精度、孔距、表面质量等的方法与技能。

2. 检测记录一栏中应记录实际数值，便于教师检查和学生进行自我分析与总结。

3. 若职业素养中的项目被扣分，应要求学生整改到位后再开始工作。

表 1–32　检测评价单

序号	名称	配分	项目与技术要求	评分标准	检测记录	得分
1	主要尺寸（57 分）	10	（10 ± 0.05）mm	超差不得分		
2		10	（20 ± 0.05）mm	超差不得分		
3		10	（45 ± 0.05）mm	超差不得分		
4		3	9 mm	超差不得分		
5		8	垂直度 0.08 mm	超差不得分		

续表

序号	名称	配分	项目与技术要求	评分标准	检测记录	得分
6	主要尺寸（57 分）	8	垂直度 0.02 mm	超差不得分		
7		8	平行度 0.02 mm	超差不得分		
8	次要尺寸（20 分）	6	ϕ9.5 mm（2 处）	超差不得分		
9		4	30 mm	超差不得分		
10		4	ϕ4.5 mm（2 处）	超差不得分		
11		6	90°（2 处）	超差不得分		
12	表面粗糙度（8 分）	8	*Ra*3.2 μm（8 处）	降级不得分		
13	主观评分（10 分）	3.5	已加工零件倒角、倒圆、倒钝、去毛刺是否符合图样要求			
14		3.5	已加工零件是否有划伤、碰伤和夹伤			
15		3	已加工零件与图样要求的一致性以及其余表面粗糙度			
16	更换添加毛坯（5 分）	5	是否更换添加毛坯		是 / 否	
17	职业素养	扣分	能正确穿戴工作服、工作鞋、安全帽和护目镜等劳动防护用品。每违反一项扣 2 分			
18			能规范使用设备、工具、量具和辅具。每违规操作一次扣 2 分			
19			能做好设备清洁、保养工作。不清洁、不保养扣 3 分，清洁保养不彻底扣 2 分			
总分			100	得分		

二、误差分析

根据检测结果进行误差分析，将分析结果填写在表 1–33 中。

建议：

1. 培养学生分析外形尺寸误差、几何精度误差和表面粗糙度误差的产生原因与修正措施。
2. 培养学生掌握分析误差产生原因的方法，引导学生总结误差修正措施，使学生养成良好的学习习惯。

表 1–33　　误差分析表

测量内容		零件名称	
测量工具和仪器		测量人员	
班级		日期	

质量问题	产生原因	修正措施
外形尺寸误差		
几何精度误差		
表面粗糙度误差		
其他误差		

续表

结论（误差分析）：

三、清理现场、归置物品

完成软钳口的制作后，按照“6S”现场管理规范要求，保养工量具、清理现场、合理归置物品。

建议：教师应设立专门的安全文明生产管理员，随时检查，让学生养成良好的文明生产习惯，提高工作效率和加工质量。

学习活动6　工作总结与评价

学习目标

1. 能按照能力评价表完成自评，通过交流讨论等方式较全面地对学习与工作情况进行总结。

2. 能按分组情况派代表积极、自信地展示零件加工成果，使用专业术语讲述本次任务的完成情况，并做分析总结。

3. 能与班组长、工具管理员等相关人员进行有效的沟通与合作，理解有效沟通和团队合作的重要性。

4. 能认真倾听他人的展示汇报，并接受其他小组的点评意见。

5. 能反思总结工作经验，提出改进措施，优化加工策略。

建议学时：10学时。

学习过程

一、个人总结与评价

由个人填写表1-34，对本次任务进行总结与评价。

建议：

1. 填写个人评价表，总结本次任务中平面铣削、钻孔和表面质量控制等知识与技能的掌握情况，给出准确的评价。

2. 评分时可分好、中、差三档分数段，便于学生根据实际情况合理评分。

表 1–34　　个人评价表

序号	评价内容	配分	得分	总结个人在本次任务中掌握的知识与技能
1	能明确车间和工作区范围及限制	10		
2	能规范执行机加工车间安全防护规定	10		
3	能正确阅读生产任务单与零件图	10		
4	能根据需要准确查阅相关资料	10		
5	能结合任务需求做好工艺与操作准备	10		
6	能熟练、规范操作铣床	10		
7	能在规定时间内完成产品的加工	10		
8	能正确检测产品的各项精度要求	10		
9	能严格执行现场“6S”管理要求	10		
10	能规范完成产品送检及交接班工作	10		
总分		100		

二、小组总结与评价

由各小组组长负责记录工作过程情况，并组织小组讨论确定各成员的学习与工作情况，填写表 1–35，完成小组总结与评价。

建议：

1. 学生通过在小组中展示、汇报等环节对自我学习情况进行分析与总结。

2. 小组讨论确定各成员的学习情况，小组评价表由组内成员互相交换填写，组长负责记录。

3. 针对个人解决问题的能力与沟通协作能力做简要的文字总结，并对各成员在小组学习中做出的贡献给予准确的评价。

表 1–35　　小组评价表

序号	评价内容	配分	得分	总结个人在小组中参与的工作
1	能合作完成教师布置的任务和作业	10		
2	能认真听教师讲课，听同学发言	10		
3	能积极参与讨论，与他人良好合作	10		
4	能合作查阅相关资料，形成意见文本	10		
5	能积极地就疑难问题向同学和教师请教	10		
6	能积极参与合作分工，并指出同学在操作中的不规范行为	10		
7	能规范操作机床进行产品加工，并及时记录（小组）加工过程	10		
8	能通过正确的加工与检测，与同学一起分析并控制产品质量	10		

续表

序号	评价内容	配分	得分	总结个人在小组中参与的工作
9	能与同学按车间管理要求，规范摆放工量刃具，整理清扫现场	10		
10	能通过记录、讨论等活动，总结反思任务实施中出现的问题，提出解决方法，积累工作经验	10		
总分		100		

三、教师总结与评价

由教师组织各小组进行汇报与交流，对整个学习环节中的成绩与问题进行总结，对学习与工作情况进行评价，并填写表 1–36。

建议：

1. 教师组织各小组进行汇报、交流，并对班级整体学习与工作情况进行总结与评价。
2. 总结问题，表扬优秀案例，对突出的典型问题和安全事项给出标准答案。

表 1–36 教师评价表

序列	评价内容	配分	得分	教师点评
1	遵守学校各项规章制度情况	10		
2	文明生产习惯的养成情况	10		
3	查找资源、工量刃具的选择、工艺分析等学习与工作的准备能力	10		
4	安全、有效地选择和使用合适的机床，并完成产品加工	10		
5	学习与工作中发现与解决问题的能力	10		
6	学习与工作的执行能力（是否按照工作页流程实施）	10		
7	学习与工作时的组织能力	10		
8	协助或帮助小组成员完成任务情况	10		
9	对任务完成情况的总结与表达能力	10		
10	现场“6S”管理意识的养成情况	10		
总分		100		

任课教师：　　　　年　　月　　日

四、总评

汇总前面学习活动的检测评价单以及个人评价表、小组评价表、教师评价表的得分，按照权重计算实际得分，填写在表 1–37 中。

表 1–37　　总评表

内容	得分	权重	加权得分
检测评价		40%	
个人评价		20%	
小组评价		20%	
教师评价		20%	
总分			

姓名：　　　年　　月　　日

任务拓展

一、工作情境描述

某企业需要制作 50 件如图 1–40 所示锤头，毛坯为 65 mm × 30 mm × 30 mm 板料，材料为 ZCuSn10Zn2。生产技术部将该项生产任务安排给铣工组，锤头表面要求光洁、美观，无毛刺。

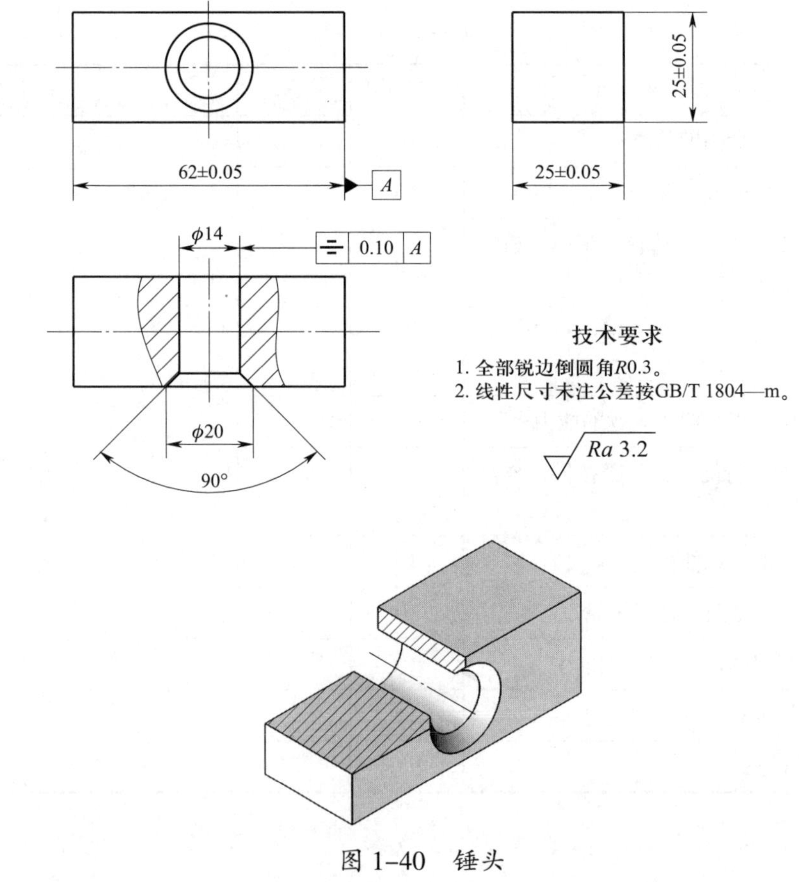

图 1–40　锤头

二、评分标准

按表 1–38 中项目和技术要求检测锤头尺寸是否合格。

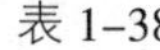

表 1–38　　检测评价单

序号	名称	配分	项目与技术要求	评分标准	检测记录	得分
1	主要尺寸（60 分）	15	（25 ± 0.05）mm	超差不得分		
2		15	（25 ± 0.05）mm	超差不得分		
3		15	（62 ± 0.05）mm	超差不得分		
4		15	对称度 0.10 mm	超差不得分		
5	次要尺寸（18 分）	8	ϕ 20 mm	超差不得分		
6		8	ϕ 14 mm	超差不得分		
7		2	90°			
8	表面粗糙度（7 分）	7	*Ra*3.2 μm（7 处）	降级不得分		
9	主观评分（10 分）	3.5	已加工零件倒角、倒圆、倒钝、去毛刺是否符合图样要求			
10		3.5	已加工零件是否有划伤、碰伤和夹伤			
11		3	已加工零件与图样要求的一致性以及其余表面粗糙度			
12	更换添加毛坯（5 分）	5	是否更换添加毛坯		是 / 否	
13	职业素养	扣分	能正确穿戴工作服、工作鞋、安全帽和护目镜等劳动防护用品。每违反一项扣 2 分			
14			能规范使用设备、工具、量具和辅具。每违规操作一次扣 2 分			
15			能做好设备清洁、保养工作。不清洁、不保养扣 3 分，清洁保养不彻底扣 2 分			
总分			100	得分		

世赛知识

铣削在世赛工业机械装调项目中的应用

工业机械装调项目在第 43 届世界技能大赛中被列为竞赛项目。该项目主要以企业对工业机械设备制造、改进、维护、维修等岗位的能力要求为基础，运用机械加工、装配调试、检测等技能以及机械结构、机械传动原理、电气控制原理等方面的专业知识，进行设备或自动化系统的拆卸、加工、安装、检测、维护、维修、调试等工作。参赛选手需根据竞赛要求及现场提供的设备、材料、工具等独立完成零件的机械加工、焊接加工、零部件的装配调试、电气检测等比赛内容。

工业机械装调项目比赛共设置机械加工、焊接加工、齿轮箱（泵）检测与维护、机械装配与调试、电气检测 5 个模块，赛程为 4 天，累计比赛时间约 20 小时。该竞赛项目需要选手具备车工、铣工、钳工、焊工、电工 5 个工种的技能，属于技能复合程度较高的竞赛项目。

铣削是工业机械装调项目中的基本考核技能，参赛选手需要应用铣削技能，在竞赛中结合其他加工技能完成零件的机械加工，如铣平面、铣斜面、铣台阶、铣沟槽、铣成形面、孔加工等操作。图 1–41 所示为第 45 届世界技能大赛该项目试题（轴、齿轮、曲柄滑块传动机构）。

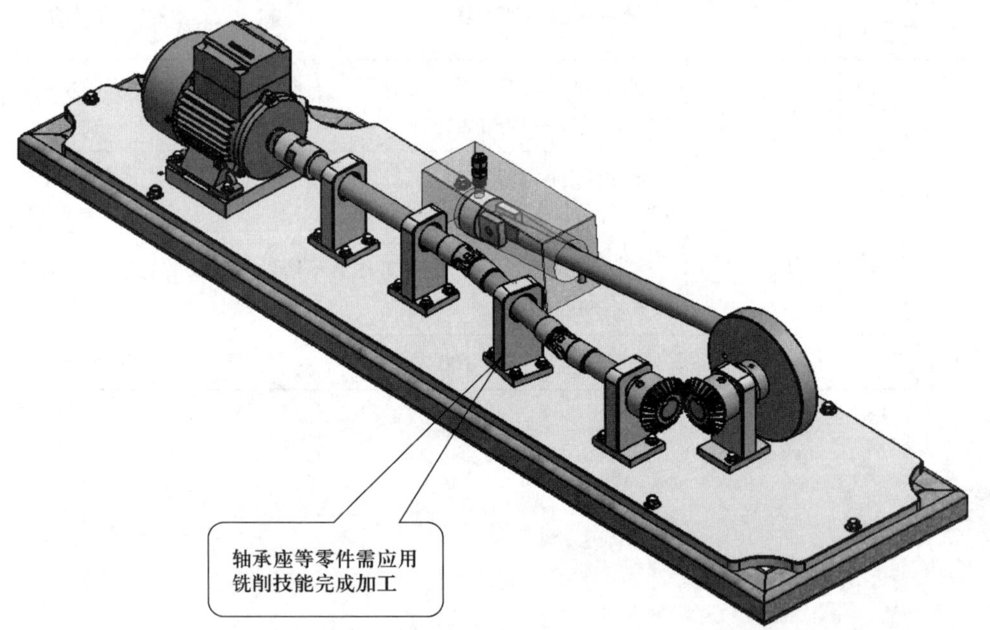

图 1–41　第 45 届世界技能大赛试题（轴、齿轮、曲柄滑块传动机构）

学习任务二　V 形垫块的铣削

学习目标

1. 能在班组长等相关人员指导下，正确阅读生产任务单，明确生产任务和工作要求。

2. 能独立阅读 V 形垫块生产任务单，明确工时、加工数量等要求，说出所加工零件的用途、功能和分类。

3. 能识读 V 形垫块图样和工艺卡，明确加工技术要求和加工工艺。

4. 能查阅技术手册，正确选择立铣刀、键槽铣刀的规格，确定立铣刀、键槽铣刀的切削用量。

5. 能了解铣工车间和工作区的范围和限制，理解企业在环境、安全、卫生等方面的标准。

6. 能检查工作区、设备、工具和材料的状况和功能。

7. 能按零件图样要求，检查毛坯尺寸，判断毛坯是否有足够的加工余量。

8. 能对加工误差进行分析，并通过调整机床提高加工精度。

9. 能按产品工艺流程和车间现场管理规定，进行产品交接并正确放置零件。

10. 能对铣床进行日常保养、维护，正确处置废油液等废弃物与整理工作场地，及时做好交接班工作。

11. 能总结工作经验，优化加工策略。

12. 能在作业过程中严格执行企业操作规范、安全生产制度、环保管理制度以及“6S”管理规定，严格遵守从业人员的职业道德，具有吃苦耐劳、爱岗敬业的工作态度和职业责任感。

13. 能与班组长、工具管理员等相关人员进行有效的沟通与合作，理解有效沟通和团队合作的重要性。

建议学时

80 学时。

工作情境描述

某企业接到一批 V 形垫块（图 2–1）加工订单，材料为灰铸铁 HT200，生产主管计划用普通铣床进行加工。该零件用于工件的定位装夹，V 形垫块 6 个平面相互之间的平行度和垂直度为 0.02 mm，V 形槽角度为 90°，半角为 45°，V 形垫块对两侧边的对称度公差为 0.02 mm，平面度公差为 0.01 mm，尺寸精度为 IT8 ~ IT7 级，表面粗糙度为 Ra3.2 ~ 1.6 μm。

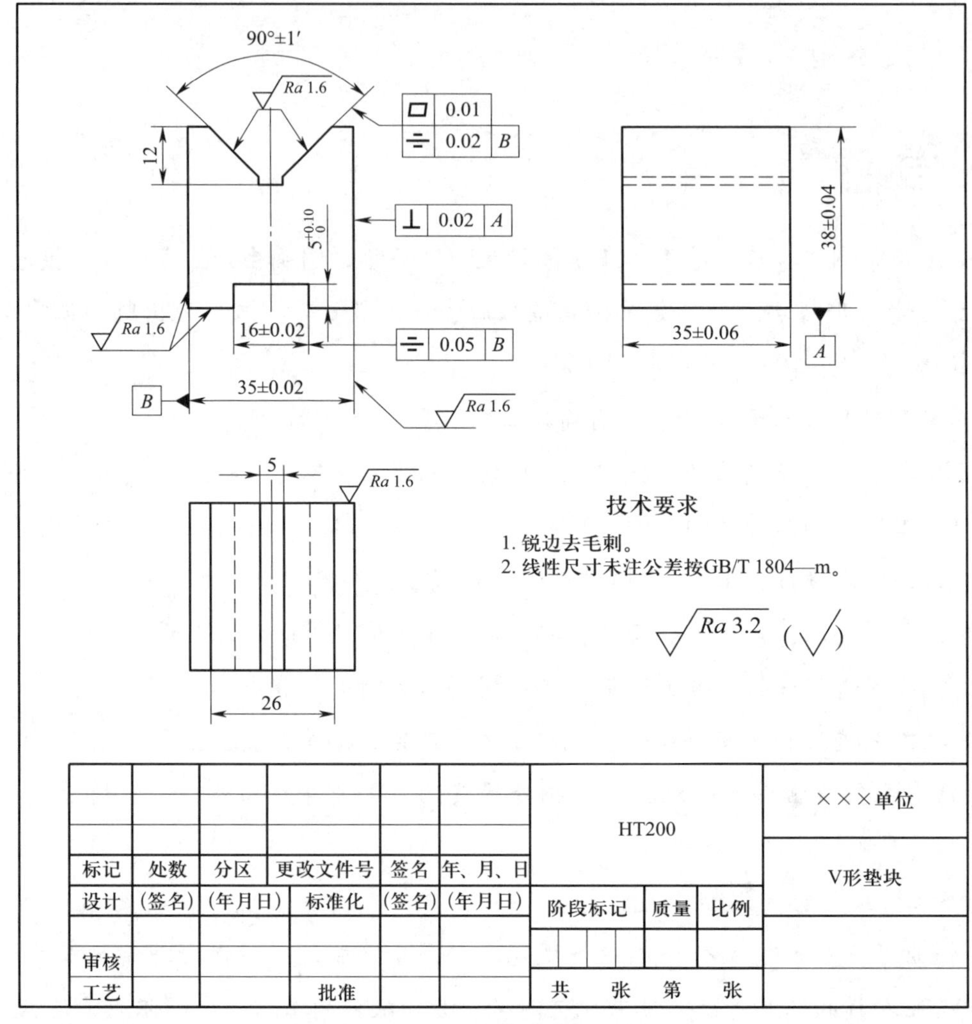

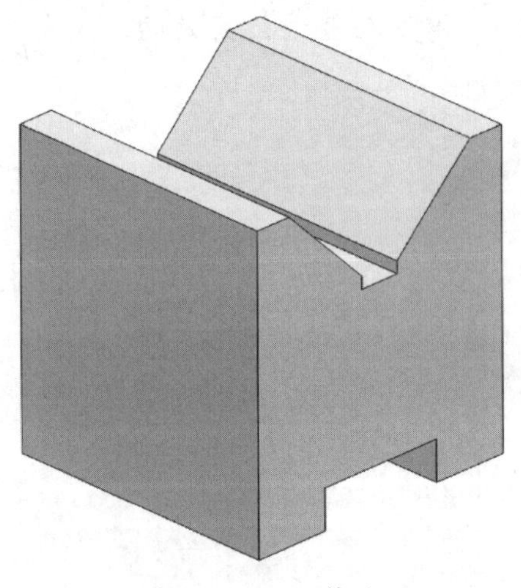

图 2-1　V 形垫块

工作流程与活动

1．领取工作任务，明确加工内容（10 学时）

2．制定 V 形垫块的加工工艺（15 学时）

3．V 形垫块的加工（30 学时）

4．V 形垫块的测量及误差分析（15 学时）

5．工作总结与评价（10 学时）

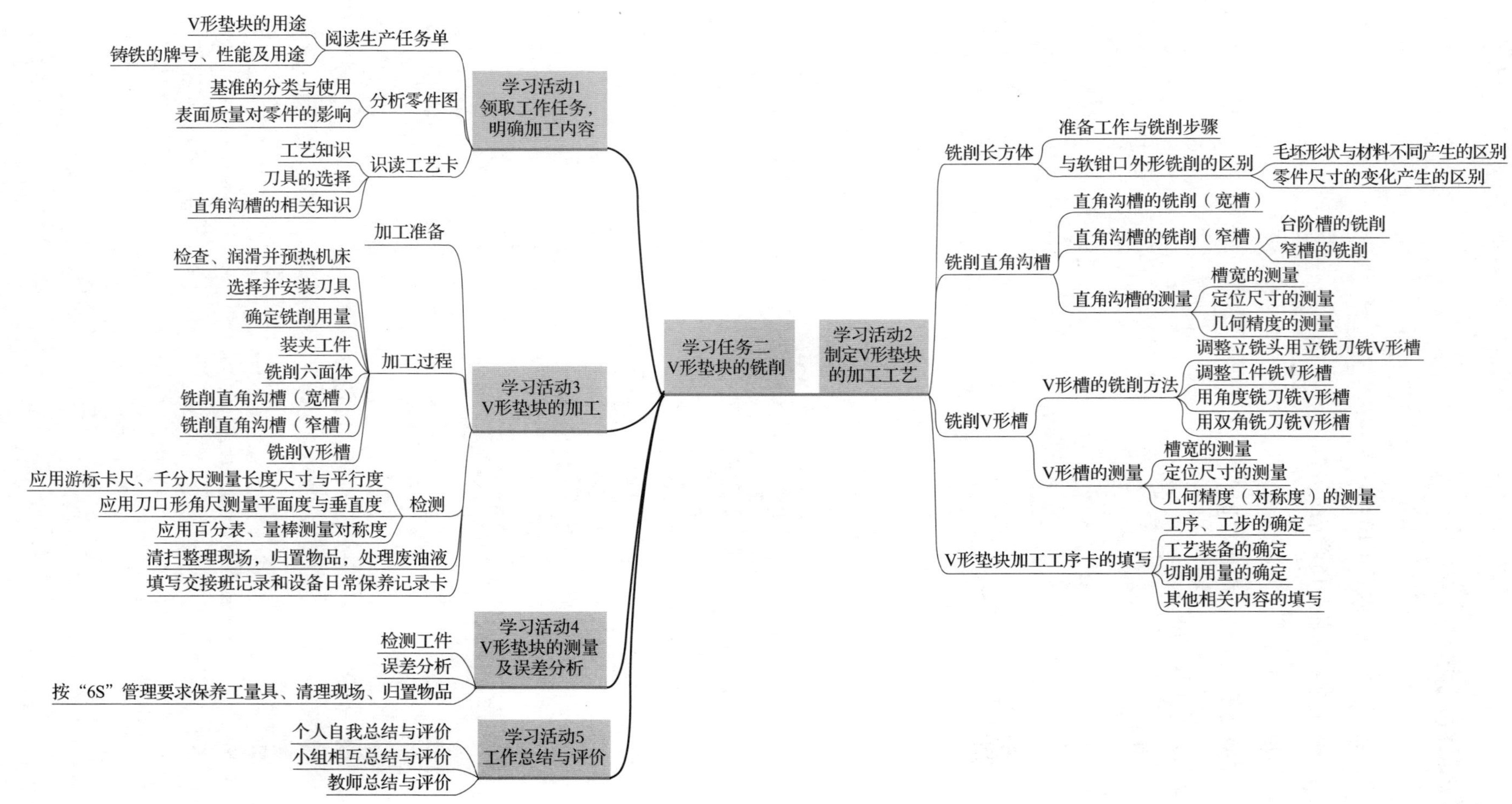
学习任务二
V形垫块的铣削
学习活动1
领取工作任务，
明确加工内容
阅读生产任务单
V形垫块的用途
铸铁的牌号、性能及用途
分析零件图
基准的分类与使用
表面质量对零件的影响
识读工艺卡
工艺知识
刀具的选择
直角沟槽的相关知识
学习活动2
制定V形垫块
的加工工艺
铣削长方体
准备工作与铣削步骤
与软钳口外形铣削的区别
毛坯形状与材料不同产生的区别
零件尺寸的变化产生的区别
铣削直角沟槽
直角沟槽的铣削（宽槽）
直角沟槽的铣削（窄槽）
台阶槽的铣削
窄槽的铣削
直角沟槽的测量
槽宽的测量
定位尺寸的测量
几何精度的测量
铣削V形槽
V形槽的铣削方法
调整立铣头用立铣刀铣V形槽
调整工件铣V形槽
用角度铣刀铣V形槽
用双角铣刀铣V形槽
V形槽的测量
槽宽的测量
定位尺寸的测量
几何精度（对称度）的测量
V形垫块加工工序卡的填写
工序、工步的确定
工艺装备的确定
切削用量的确定
其他相关内容的填写
学习活动3
V形垫块的加工
加工准备
加工过程
检查、润滑并预热机床
选择并安装刀具
确定铣削用量
装夹工件
铣削六面体
铣削直角沟槽（宽槽）
铣削直角沟槽（窄槽）
铣削V形槽
检测
应用游标卡尺、千分尺测量长度尺寸与平行度
应用刀口形角尺测量平面度与垂直度
应用百分表、量棒测量对称度
清扫整理现场，归置物品，处理废油液
填写交接班记录和设备日常保养记录卡
学习活动4
V形垫块的测量
及误差分析
检测工件
误差分析
按“6S”管理要求保养工量具、清理现场、归置物品
学习活动5
工作总结与评价
个人自我总结与评价
小组相互总结与评价
教师总结与评价

学习活动 1　领取工作任务，明确加工内容

1. 能独立阅读 V 形垫块生产任务单，明确工时、加工数量等要求，说出所加工零件的用途、功能和分类。

2. 能识读 V 形垫块图样和工艺卡，明确加工技术要求和加工工艺。

3. 能查阅技术手册，正确选择立铣刀、键槽铣刀的规格，确定立铣刀、键槽铣刀的切削用量。

4. 能根据现场条件，查阅相关资料，确定符合加工技术要求的工具、量具、夹具和切削液。

建议学时：10 学时。

学习过程

领取 V 形垫块的生产任务单、零件图样、工艺卡，明确本次加工任务的内容。

一、阅读生产任务单（表 2–1）

表 2–1　　生产任务单

需方单位名称		××× 企业		完成日期	年　月　日	
序号	产品名称	材料	数量	技术标准、质量要求		
1	V 形垫块	HT200	60 件	按图样要求		
2						
生产批准时间		年　月　日	批准人			
通知任务时间		年　月　日	发单人			
接单时间		年　月　日	接单人		生产班组	铣工组

1．如图 2–2 所示，叙述有些轴类零件装夹时为什么要选择 V 形垫块，并指出 b 图有何错误。

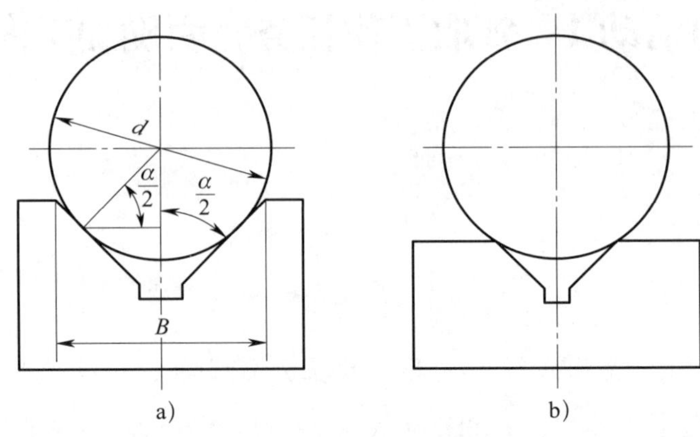

图 2–2　V 形口宽度的选择

轴类零件在加工或测量过程中，当没有中心孔且定位精度较高不能用三爪自定心卡盘装夹或定位时，可用 V 形垫块定位。

图 2–2b 轴的圆柱表面未能与 V 形垫块的 V 形斜面接触，只是放在了 V 形槽的角上，因此 V 形垫块未能起到正确的定位作用。

2．由表 2–1 生产任务单可知制作 V 形垫块的材料为 HT200。借助技术手册，查阅 HT200 的牌号含义、用途及其性能。

（1）HT200 是一种常见灰铸铁，铸铁有哪些种类？铸铁的牌号是如何定义的？

铸铁分为白口铸铁、灰铸铁、可锻铸铁、球墨铸铁及蠕墨铸铁等。铸铁牌号前的大写字母表示铸铁种类，后面的数值表示最低抗拉强度。

（2）HT200 具有怎样的力学性能？

HT200 的最低抗拉强度为 200 MPa，其抗拉强度、塑性和韧性远低于钢，但抗压强度与钢相当，是常用铸铁件中力学性能最差的铸铁。

（3）试述 HT200 的适用场合。

1）常用于一般机械制造中较为重要的铸件，如气缸、齿轮、链轮、棘轮、衬套、金属切削机床床身、飞轮等。

2）常用于汽车或拖拉机的气缸体、气缸盖、活塞、刹车毂、联轴器盘、飞轮、齿轮、离合器外壳、左右半轴壳等。

3）常用于承受 7 840 kPa 以下中等压力的液压缸、泵体、阀体等。

4）常用于汽油机和柴油机的活塞环。

二、分析零件图（图 2–1）

1．图中的符号  A、B 表示设计时在图样上所选定的基准，称为设计基准。试查阅技术手册或咨询班组长等专业技术人员，解释基准符号所代表的含义。

机械图样上的基准都是用大写字母 *A*、*B*、*C*、*D* 等用一个特定的带方框的基准符号表示的。当基准符号对准面及面的延伸线或该面的尺寸界限时，表示是以该面为基准。当基准符号对准的是尺寸线时，表示是以该尺寸标注的实体中心线为基准。

2．写出 V 形垫块图样中 V 形槽在各方向上的定位尺寸。

定位尺寸包括槽底面到上表面的高度 12 mm、V 形槽相对于中心平面的对称度 0.02 mm。

3．查阅技术手册或咨询班组长等专业技术人员，写出图中几何公差的含义。

平面度是限制实际平面对理想平面变动量的一项指标，即该平面允许变动的范围是距离为 0.01 mm 的两个平行平面间。

垂直度是用来控制零件上被测要素（平面或直线）相对于基准要素（平面或直线）的方向偏离 90°，要求被测要素对基准成 90°，即该平面允许变动的范围是距离为 0.02 mm 的两个垂直于基准平面的平行平面间。

对称度一般用来控制理论上要求共面的被测要素（中心平面、中心线或轴线）与基准要素（中心平面、中心线或轴线）的不重合程度，即 V 形槽两个实际斜面形成的中心平面相对于理想中心平面可以变动的范围是 0.02 mm（底面直槽的范围是 0.05 mm）。

4．图中的表面粗糙度要求有哪些?

图样中标注表面粗糙度符号的各表面要求为 1.6 μm，其余各表面要求为 3.2 μm。

三、识读工艺卡（表 2–2）

表 2–2　　V 形垫块加工工艺卡

单位名称		产品名称	V 形垫块	图号				
		零件名称	V 形垫块	数量			60	第 1 页
材料种类	板料	材料牌号	HT200	毛坯尺寸	40 mm × 40 mm × 40 mm			共 1 页
工序号	工序内容	车间	设备	工具			计划工时	实际工时
				夹具	量具	刃具		
1	毛坯铸造	铸造						
2	铣 V 形垫块	铣工	X5032	平口钳	游标卡尺、直角尺、塞尺	面铣刀、立铣刀或键槽铣刀		
3	刮削、去毛刺	金工		平口钳		刮刀、锉刀		
更改号		拟定		校正	审核		批准	
更改者								
日期								

1．从工艺卡中可以看出，本次加工使用面铣刀、立铣刀（或键槽铣刀）进行铣削加工。

（1）在加工 V 形槽时，为什么要先铣槽底直角沟槽？

在铣削 V 形槽过程中，使铣刀在铣削斜面时避免刀尖同时参与加工。

（2）试查阅技术手册或咨询班组长等专业技术人员，写出铣削 V 形垫块零件中的 V 形槽时所选铣刀的规格。

选用 80×18×27×90° 角度铣刀，因斜面较小且材料为铝合金，也可选用 90° 钨钢倒角刀，直径 20 mm 以上。

（3）V 形垫块的加工中有直角沟槽铣削，填写表 2–3 直角沟槽相关标注的含义。

表 2–3 直角沟槽

种类	说明	图示
直角通槽	*B*：槽宽 *H*：槽深 *C*：槽到横向侧边的距离	
直角半通槽	*B*：槽宽 *H*：槽深 *C*：槽到横向侧边的距离 *L*：槽长	
封闭直角沟槽	*B*：槽宽 *C*：槽到纵向侧边的距离 *L*：槽长	

（4）铣削 V 形垫块零件中的直角沟槽时应如何选择铣刀？写出如何确定铣刀的宽度（直径）。如果选择立铣刀，那么铣刀直径和宽度应满足哪些要求？

所选择的铣刀宽度或直径应略小于或等于槽宽。V 形垫块中的直角沟槽有两处 5 mm × 12 mm 和（16 ± 0.02）mm × $5^{+0.10}_{0}$ mm。应选择规格为 ϕ5 mm × 20 mm 和 ϕ12 mm × 20 mm 的立铣刀。

2．从工艺卡中可以看出，本次加工使用平口钳进行装夹。查阅技术手册写出所使用平口钳的规格。

常用平口钳钳口宽度有 100 mm、125 mm、136 mm、160 mm、200 mm、250 mm、280 mm 等，V 形垫块的最大尺寸小于 100 mm，因此选用规格为 100 mm 的平口钳。

3．从工艺卡中可以看出，本次加工使用多种量具进行检测。试查阅技术手册或询问班组长等技术人员，回答下面问题。

（1）零件的外形尺寸选择用什么量具测量？写出所使用量具的规格。

零件的外形尺寸使用游标卡尺和千分尺测量。游标卡尺规格为 0 ~ 150 mm，千分尺规格为 25 ~ 50 mm。

（2）零件图中 V 形槽槽宽的测量有哪几种方法？

可使用钢直尺、游标卡尺或样板测量。

（3）如图 2–3、图 2–4 所示，V 形槽的槽角有哪几种测量方法？本次任务选择用什么量具测量？

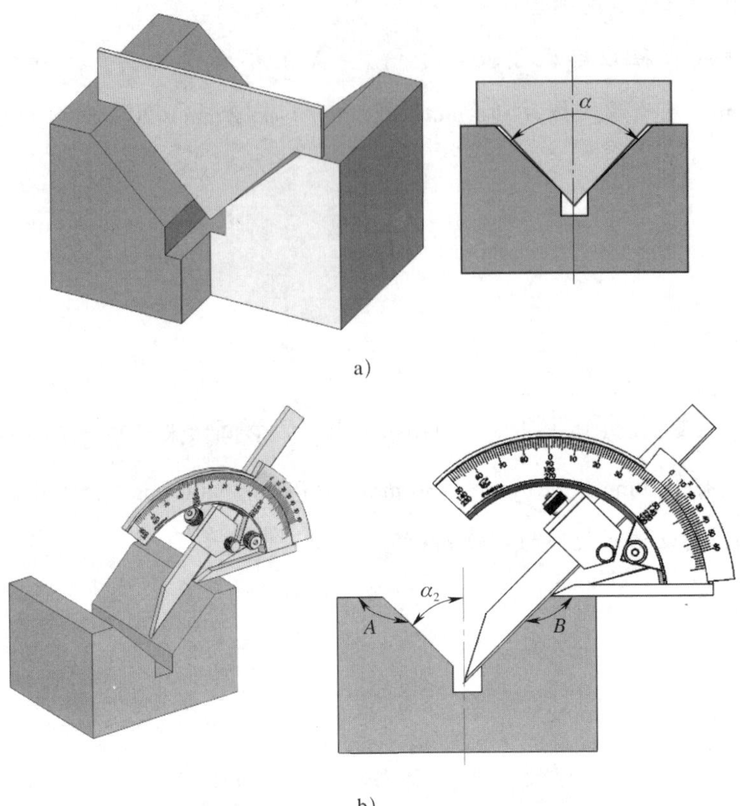

a)

b)

图 2–3　V 形槽槽角的测量

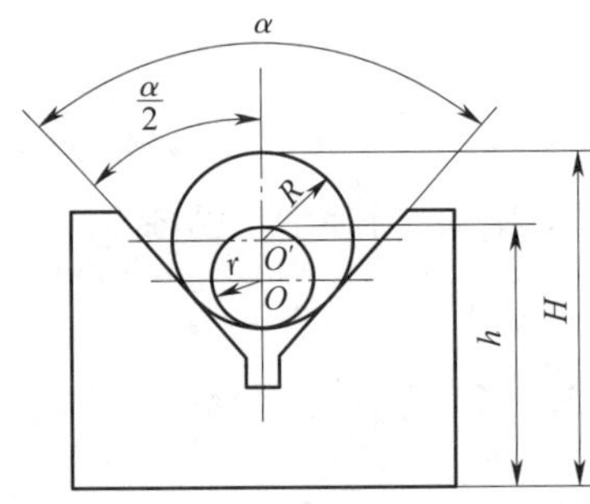

图 2–4　V 形槽槽角的测量计算

可使用样板、游标万能角度尺或量棒计算测量。本次任务选择游标万能角度尺测量。

（4）试查阅技术手册或咨询班组长等专业技术人员，确定零件图中 V 形槽的对称度的测量工具及测量方法。

测量工具：平板、游标高度卡尺、杠杆百分表、量棒等。

将量棒放入 V 形槽中，检测时，分别以工件两侧面为基准面靠在平板上，然后使杠杆百分表的测头接触量棒的最高处，平移工件进行检测，两次检测所得百分表的读数差值就是其对称度（或平行度）误差值。

（5）零件图中直角沟槽槽宽选择用什么量具测量？如槽宽要求较严时应用什么量具测量？

零件图中直角沟槽槽宽选择用游标卡尺测量。如槽宽要求较严时应用塞规测量。

学习活动 2　制定 V 形垫块的加工工艺

学习目标

1. 能叙述铣削直角沟槽的方法，制定 V 形垫块中直角沟槽的加工步骤。

2. 能叙述铣削 V 形槽的方法，制定 V 形垫块中 V 形槽的加工步骤。

3. 能综合考虑零件材料、刀具材料、加工性质、机床特性等因素，查阅技术手册，确定切削三要素中的切削速度、进给量和切削深度，并能运用公式计算转速和进给量。

4. 能正确、规范填写 V 形垫块的加工工序卡。

5. 能结合车间实际条件及自身操作水平，合理制定 V 形垫块的加工工艺。

建议学时：15 学时。

学习过程

一、制定加工步骤

1．铣削 V 形垫块的外形

（1）结合图 2–5，叙述 V 形垫块外形各表面的铣削步骤及操作要点。

1）将毛坯放入平口钳两钳口之间，调整好位置，轻紧工件后，用划针盘校正毛坯待加工的上平面 1，使上平面减去加工余量外仍高出平口钳钳口平面 2 ～ 3 mm，以免铣削时铣伤钳口，夹紧工件。移动工作台，调整铣刀位置，对刀，调整切削深度，自动进给铣削面 1。停车后，观察加工表面的表面粗糙度，用刀口尺检测工件平面度，用游标深度卡尺检测面 1 与垫铁（即未加工的面 4）间的尺寸并记录。合格后卸下工件，用锉刀去除毛刺。

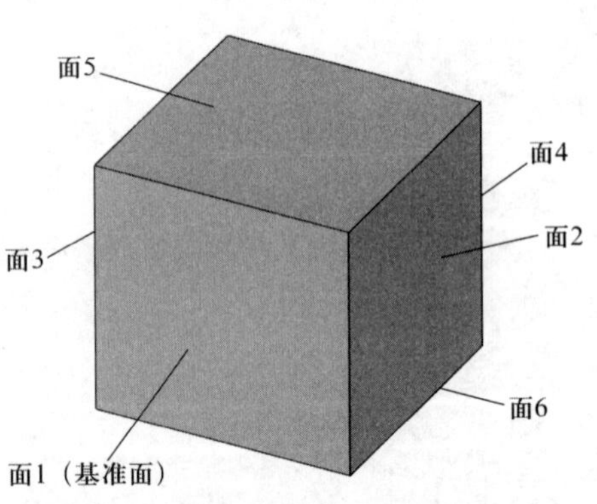

图 2–5　V 形垫块外形的铣削步骤

2）将工件基准面 1 靠向固定钳口，放入平口钳调整好位置，使上平面 2 减去加工余量外仍高出平口钳钳口平面 2 ~ 3 mm，夹紧工件。移动工作台，调整铣刀位置，对刀，调整切削深度，自动进给铣削面 2。停车后，观察加工表面的表面粗糙度，用刀口尺检测工件平面度，用锉刀去除毛刺。然后用直角尺检查垂直度，用游标深度卡尺检测剩余余量情况。若各项技术要求合格，卸下工件，进行下一步加工。

3）将基准面 1 靠向固定钳口，在平口钳钳体导轨面和工件面 2 之间垫一尺寸合适的垫铁，夹紧工件，用铜棒将工件轻轻敲实，直至用手不能晃动垫铁。移动工作台，调整铣刀位置，对刀，根据剩余余量上升工作台，自动进给铣削面 3。停车后，观察加工表面的表面粗糙度，用刀口尺检测工件平面度，用锉刀去除毛刺，然后用游标深度卡尺检测尺寸是否合格。若尺寸过大，可根据剩余余量，继续加工至尺寸合格，合格后卸下工件，再进行下一步加工。

4）以铣削好的面 2 作为次要基准靠向固定钳口，基准面 1 作为主基准，朝下并在其与平口钳钳体导轨面之间垫垫铁，夹紧工件，用铜棒将工件轻轻敲实，直至用手不能晃动垫铁。移动工作台，调整铣刀位置，对刀，根据剩余余量上升工作台，自动进给铣削面 4。停车后，观察加工表面的表面粗糙度，并用刀口尺检测工件平面度，用锉刀去除毛刺，然后用游标深度卡尺检测尺寸是否合格。

5）工件旋转 90°，将工件基准面 1 靠向固定钳口，并用直角尺校正工件的侧面与平口钳钳体导轨面垂直，夹紧工件。移动工作台，调整铣刀位置，对刀，根据余量上升工作台，自动进给铣削面 5。停车后，观察加工表面的表面粗糙度，并用刀口尺检测工件平面度，用锉刀去除毛刺。然后用直角尺检测垂直度，用游标深度卡尺检查剩余余量情况。若各项技术要求合格，卸下工件，进行下一步加工。

6）将工件基准面 1 靠向固定钳口，面 4 紧贴软钳口，面 5 朝下并在其与平口钳钳体导轨面之间垫垫铁，夹紧工件，并用铜棒将工件轻轻敲实，直至用手不能晃动垫铁。移动工作台，调整铣刀位置，对刀，根据剩余余量上升工作台，自动进给铣削面 6。停车后，观察加工表面的表面粗糙度，并用刀口尺检测工件平面度，用锉刀去除毛刺。然后用游标深度卡尺检测尺寸是否合格。若尺寸过大，可根据剩余余量继续加工至尺寸合格，卸下工件。

（2）结合图 2-6，叙述 V 形垫块外形各表面的铣削步骤与上个任务软钳口的外形铣削方法有哪些区别。

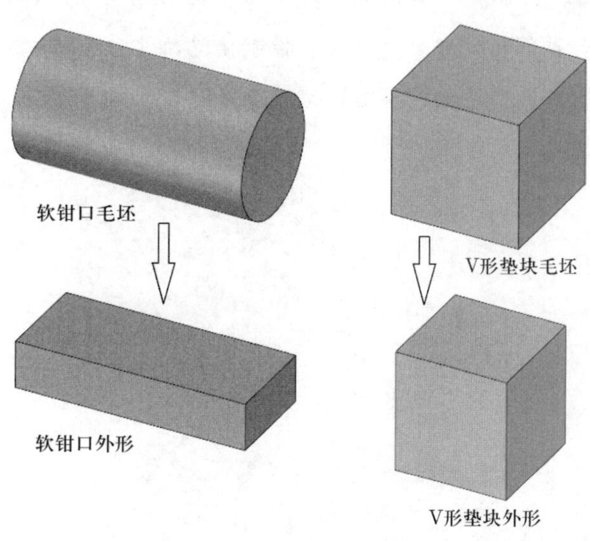

图 2-6　软钳口与 V 形垫块外形

上一任务软钳口的外形为圆形，采用平口钳装夹时，毛坯表面是圆弧面而钳口表面是平面，毛坯与平口钳钳口接触时为线接触，毛坯的表面质量对装夹的定位精度不会产生影响；本次任务零件毛坯为方块料，采用平口钳装夹时，毛坯表面与钳口表面都是平面，毛坯本身的垂直度与平行度会直接影响到装夹的定位精度（易产生重复定位），因此在每次装夹时应采用中间加圆棒的方法，避免出现重复定位情况。

2．铣削直角沟槽

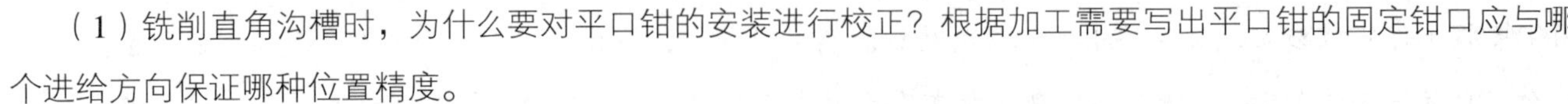

（1）铣削直角沟槽时，为什么要对平口钳的安装进行校正？根据加工需要写出平口钳的固定钳口应与哪个进给方向保证哪种位置精度。

当平口钳在工作台上的安装不正时，会直接导致所夹工件在机床上的位置相对于刀具移动路线是倾斜的，从而使铣出的沟槽在工件上的位置倾斜。

平口钳的固定钳口应与工作台移动的纵向平行。

（2）结合图 2-7，写出铣削工件底部直角沟槽的操作过程。

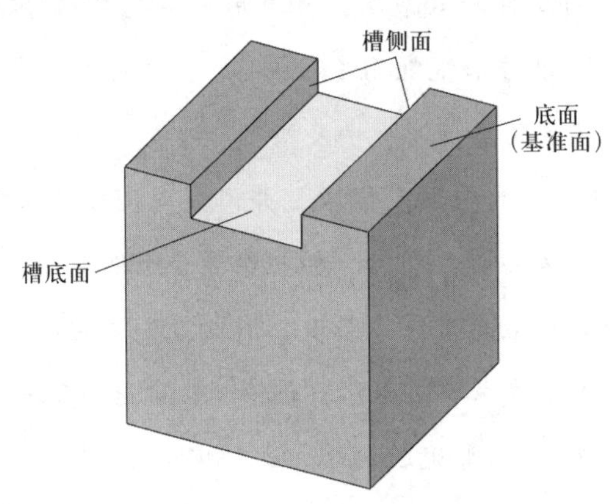

图 2-7　铣削直角沟槽

装夹校正后，调整机床，使回转中的立铣刀的侧面切削刃轻擦工件侧面的贴纸。垂直降落工作台，再横向移动工作台，移动的位移 A 等于铣刀直径 D 和工件侧面到槽侧面距离 C 的总和，$A=D+C$，将横向进给紧固后，铣出直角通槽的一个侧面，控制其到工件侧面的距离，铣削宽度 α_e（即槽深 H）应分层铣出。固定工作台垂直方向，横向移动工作台铣削槽的另一个侧面，控制槽宽尺寸。

（3）结合图 2-8，写出铣削 V 形槽底部窄直角沟槽的操作过程及其难点。

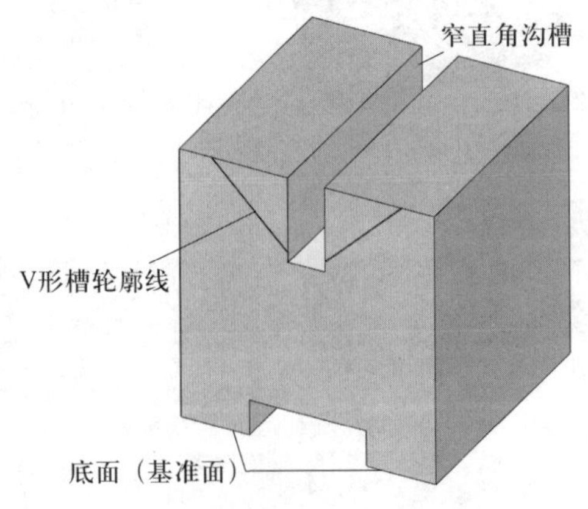

图 2-8　铣削窄直角沟槽

在装夹校正后，调整机床，使回转中的立铣刀的侧面切削刃轻擦工件侧面的贴纸。垂直降落工作台，再横向移动工作台，移动的位移 A 等于铣刀直径 D 和工件侧面到槽侧面距离 C 的总和，$A=D+C$，将横向进给紧固后铣削沟槽，由于选用的铣刀直径等于槽宽，因此在铣出直角通槽的一个侧面时槽宽也会同时得到。铣削宽度 α_e（即槽深 H）比较大，应分层铣出。

难点：槽窄且深，刀具直径较小，铣削过程中由于排屑困难导致刀具强度较差，因此应在铣削过程中经常退刀排屑，及时观察铣削情况并结合实际情况调整切削用量。

（4）结合图 2-9，写出将窄直角沟槽分成台阶槽铣削的优点以及注意事项。

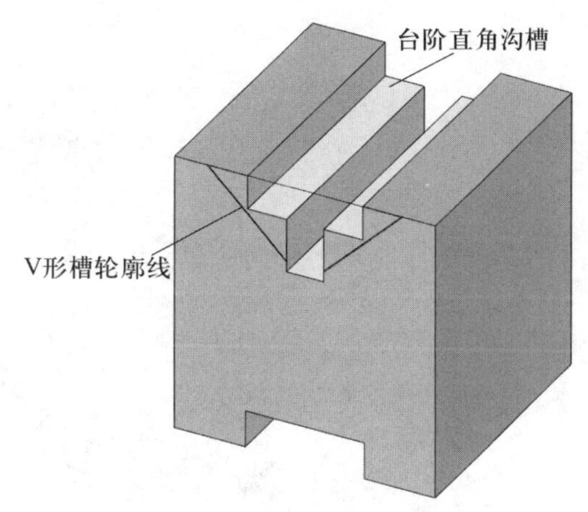

图 2-9　铣削台阶直角沟槽

优点：由于窄直脚沟槽的上面最终要铣出 V 形斜面，为了减小铣削窄槽时的困难，可先铣出一层不影响 V 形槽加工的宽槽出来，从而避免窄槽太深造成的各种铣削问题。

注意事项：根据实际 V 形槽的尺寸计算好台阶槽的尺寸，留出铣削余量。上面的宽槽只是以去除余量为目的，铣削时只要保证不影响后续加工，其本身的尺寸及表面要求并不高。

（5）V 形垫块零件中的直角沟槽宽度公差为 0.04 mm，精度一般。图 2-10 所示为槽宽量规及测量方法。如果实际测量值超出图样中尺寸公差值，分析产生这种加工误差的原因。

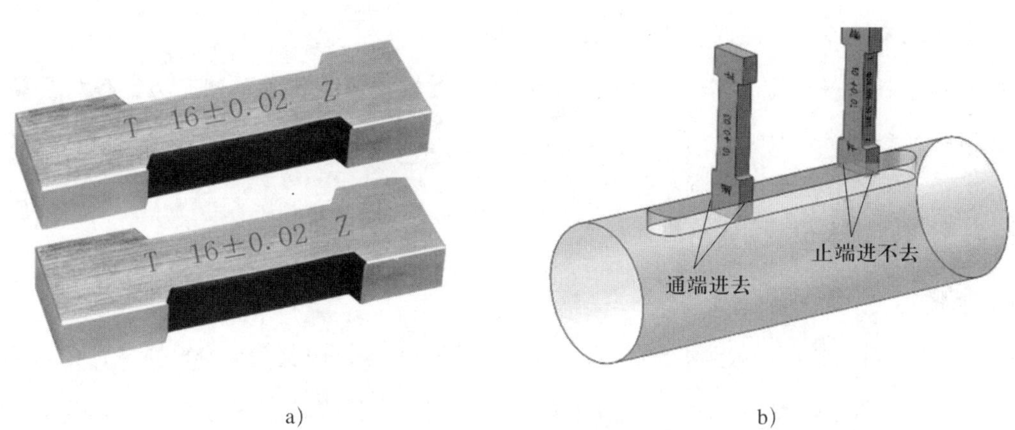

图 2-10　槽宽量规及测量方法

1）用立铣刀或键槽铣刀采用“定尺寸刀具法”铣削沟槽时，铣刀的直径尺寸及其磨损、铣刀的圆柱度和铣刀的径向圆跳动等会造成槽宽过大。

2）用立铣刀或键槽铣刀铣削沟槽时，产生“让刀”现象，或来回多次切削工件，将槽宽铣大。

3）测量不准或摇错刻度盘数值。

（6）V 形垫块零件中的直角沟槽有对称度要求，结合图 2–11，写出其测量过程。如果测量结果超出公差范围，分析产生这种加工误差的原因。

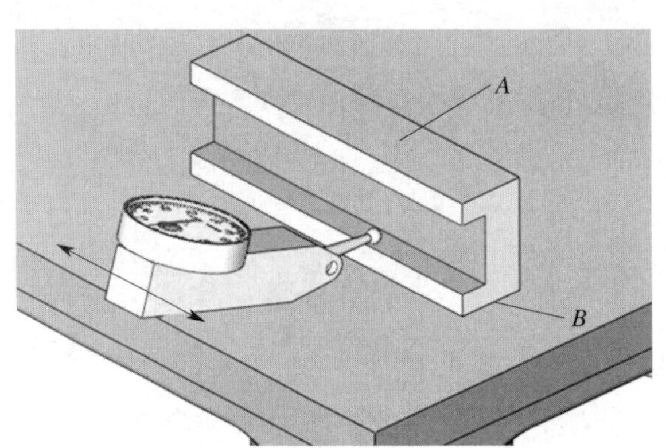

图 2–11　用杠杆百分表检测沟槽对称度

对称度可用杠杆百分表进行检测。检测时，分别以工件两侧面为基准面靠在平板上，然后使杠杆百分表测头接触工件的槽侧面上，平移工件进行检测，两次检测所得的读数差值就是其对称度误差。

产生加工误差的原因：

1）平口钳固定钳口未找正，使工件侧面（基准面）与进给运动方向不一致，铣出的沟槽歪斜（槽侧面与工件侧面不平行）。

2）对刀时，工作台横向位置调整不准。

3）扩铣时将槽铣偏。

4）尺寸测量不准确，按测量值调整铣削，使槽铣偏。

5）铣削时，由于铣刀两侧受力不均（如两侧切削刃锋利程度不等）或单侧受力，铣床主轴轴承的轴向间隙较大，以及铣刀刚度不够，使铣刀向一侧偏让等。

3．铣削 V 形槽

（1）V 形槽两侧面间的夹角一般为 90°或 60°，还有大于 90°的，以夹角为 90°的 V 形槽最为常用。V 形槽的铣削方法有多种，查阅技术手册或询问班组长等技术人员，了解 V 形槽的铣削方法，并填写表 2–4 相关内容。

表 2–4　　V 形槽的铣削方法

方法	操作要点	图示
调整立铣头用立铣刀铣 V 形槽	夹角等于或大于 90° 的 V 形槽，可调整立铣头角度用立铣刀加工，如右图所示。首先应将立铣头转过 V 形槽＿半＿角并固定，然后把工件装夹好，横向移动工作台进行铣削。具体操作方法如下：先将立铣刀＿刀尖＿对准中间＿V 形槽＿中心位置，调整铣削深度，将一侧铣削至尺寸，铣削过程中适时检测 V 形槽半角角度以保证精度。然后把工件转 180° 装夹，再铣削另一侧至相同的深度。由于工作台纵向固定不动，铣削深度一致，因此，V 形槽对矩形工件两侧对称性较好。V 形槽较宽而角度铣刀宽度不够，或 V 形槽夹角＿大＿于 90°时，常采用这种铣削方法	
调整工件铣 V 形槽	夹角大于 90°、精度要求不高的 V 形槽，可按划线法校正 V 形槽的一侧，使划好的线与工作台面＿倾斜＿装夹，铣削完一侧后，重新校正装夹另一侧，再铣成形，如右图所示。夹角等于 90°，且尺寸＿不大＿的 V 形槽，则可一次装夹铣成形	
用角度铣刀铣 V 形槽	用一把单角铣刀铣削 V 形槽时，单角铣刀的角度等于 V 形槽夹角的＿1/2＿。铣削完一侧后将工件转＿180°＿铣另一侧	
用双角铣刀铣 V 形槽	装夹对称双角铣刀，在不影响横向移动的前提下，铣刀尽可能＿靠近＿铣床主轴，以增强刀柄的刚度。对刀时，目测使铣刀＿刀尖＿处于窄槽中间，沿工作台垂直方向上升，使铣刀在窄槽槽口铣出切痕。如右图所示，微量调整横向位置，使铣出的两切痕＿宽度＿相等，此时窄槽已与双角铣刀＿中心＿对称。同时，当铣刀的两锥面刃同时与槽口恰好接触时，可作为垂直方向对刀记号位置。调整切削深度，铣至尺寸	

（2）如果选择调整工件法铣削 V 形槽，写出应做哪些准备工作。

调整铣床主轴与工作台的垂直度，选择合适的铣刀并安装，计算工件倾斜角度，准备好测量工件倾斜角度的量具，装夹工件并考虑测量位置。

（3）采用调整工件法铣削 V 形槽，应怎样选择铣刀？铣刀安装后粗加工 V 形槽时如何对刀调整加工？

选择的铣刀直径尽可能大些，以增强刀具强度。

粗加工 V 形槽时，可先正常装夹工件，将 V 形槽铣成多个台阶以便快速去除余量；然后再倾斜工件装夹，将台阶多余的余量用立铣刀端面切削刃（精加工时再使用侧刃铣削）逐步去除。

（4）看图 2–12，写出 V 形槽对称度的测量过程。

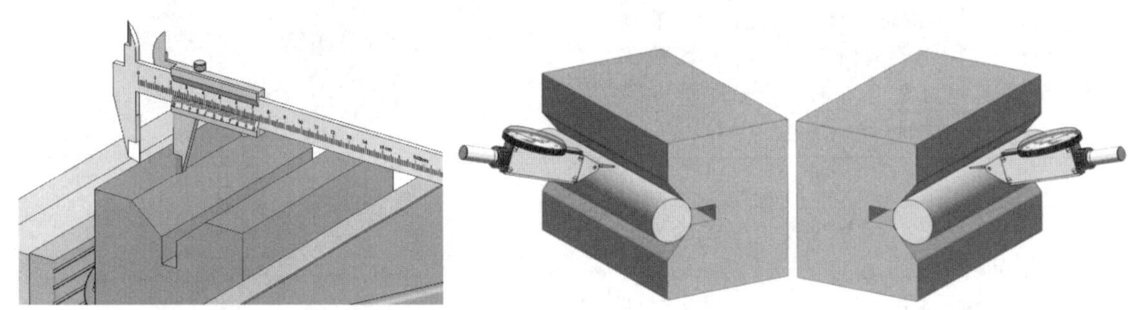

图 2–12　V 形槽对称度的测量

粗铣检测时，用游标卡尺直接测量 V 形槽上口左右两侧平面的宽度尺寸是否相同，其误差数值就是 V 形槽对称度的误差值。

精铣检测时，将量棒放入 V 形槽，分别以工件两侧面为基准面靠在平板上，然后使杠杆百分表的测头接触量棒的最高处，平移工件进行检测，两次检测所得的读数差值就是 V 形槽对称度（或平行度）误差值。

（5）精铣 V 形垫块上的 V 形槽时，要对零件的角度、对称度及槽口宽度进行精确控制，结合图 2–13、图 2–14，写出具体操作过程。

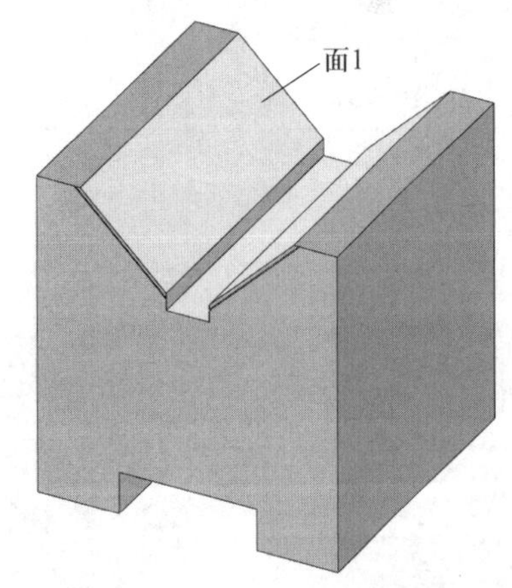

图 2–13　V 形槽定位面的铣削（面 1）

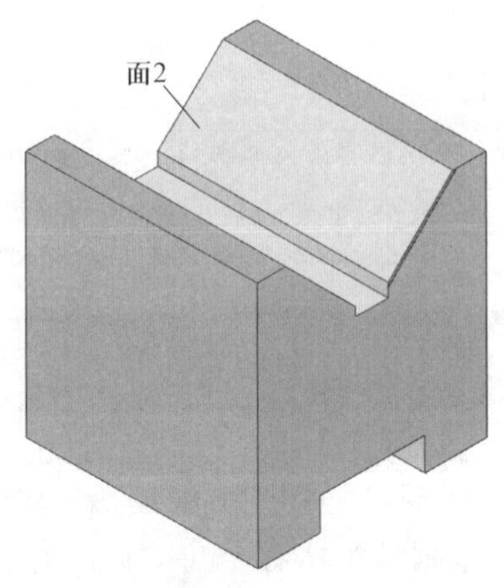

图 2–14　V 形槽宽度及对称度的铣削（面 2）

采用倾斜工件方法铣削：用游标万能角度尺调整装夹工件倾斜 V 形槽半角，用立铣刀侧刃铣削面 1（见光即可），工件翻转 180°铣削面 2，用量棒测量 V 形槽对称度及槽深，根据测量数值选择需加工面后加工。难点是对称度的误差计算如何换算成加工余量以及每次的装夹精度。

二、填写工序卡

1．用立铣刀、键槽铣刀加工直角通槽，查阅技术手册或询问班组长等技术人员，写出应如何确定主轴转速及进给量。

通过查阅技术手册确定铣刀材料与直径、切削速度，根据公式计算主轴转速，最后根据转速计算进给量。

2．用立铣刀加工 V 形槽，查阅技术手册或询问班组长等技术人员，写出应如何确定主轴转速及进给量。

通过查阅技术手册确定铣刀材料与直径、切削速度，根据公式计算主轴转速，最后根据转速计算进给量。当用侧刃铣削 V 形槽斜面时，由于接触面积较大，应考虑适当减小进给量。

3．填写 V 形垫块加工中铣削工序的工序卡（表 2–5）。

表 2-5　V 形垫块加工工序卡

V 形垫块加工工序卡	产品型号		零件图号				
	产品名称		零件名称	V 形垫块	共　页　第　页		
		车间	工序号	工序名称	材料牌号		
		毛坯种类	毛坯外形尺寸	每毛坯可制件数	每台件数		
		矩形料	40 mm × 40 mm × 40 mm	1	1		
		设备名称	设备型号	设备编号	同时加工件数		
		夹具编号		夹具名称	切削液		
		工位器具编号		工位器具名称	工序工时（分）		
					准终	单件	

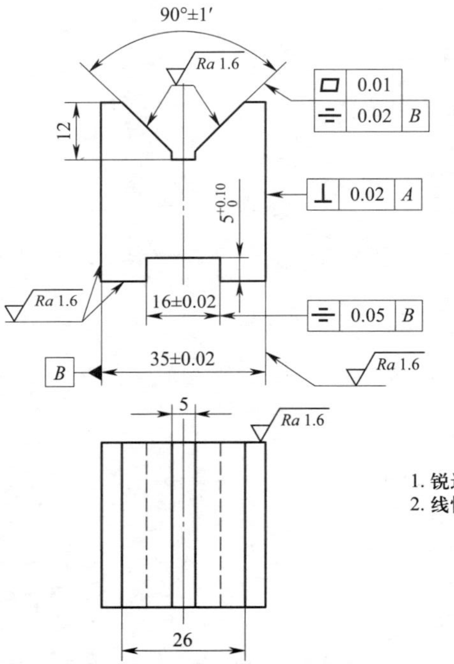

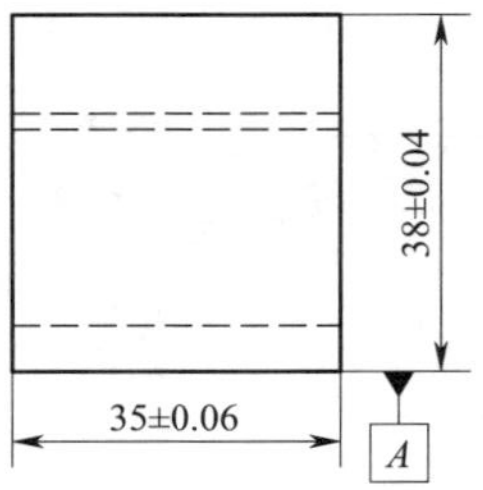

技术要求

1. 锐边去毛刺。
2. 线性尺寸未注公差按GB/T 1804—m。

$\sqrt{Ra\ 3.2}$ ($\sqrt{}$)

工步号	工步内容	工艺装备	主轴转速 /（r · min⁻¹）	切削速度 /（m · min⁻¹）	进给量 /（mm · min⁻¹）	切削深度 / mm	进给次数	工步工时 机动	工步工时 辅助
1	铣削基准面	平口钳	300	200	240	0.2 ~ 0.5	2 ~ 3		
2	铣削第 2 面	平口钳	300	200	240	0.2 ~ 0.5	2 ~ 3		
3	铣削第 3 面	平口钳	300	200	240	0.8 ~ 1	多次		
4	铣削第 4 面	平口钳	300	200	240	0.8 ~ 1	多次		
5	铣削第 5 面	平口钳	300	200	240	0.5 ~ 1	多次		
6	铣削第 6 面	平口钳	300	200	240	0.5 ~ 1	多次		
7	铣削宽槽	平口钳	400	16	80	0.5 ~ 3	多次		
8	铣削台阶槽	平口钳	400	16	80	0.5 ~ 3	多次		
9	铣削窄槽	平口钳	1000	16	100	0.5 ~ 2	多次		
10	铣削 V 形槽面 1	平口钳	250	16	25	0.2 ~ 0.5	多次		
11	铣削 V 形槽面 2	平口钳	250	16	25	0.2 ~ 0.5	多次		
				设计（日期）	校对（日期）	审核（日期）	标准化（日期）	会签（日期）	

学习活动 3　V 形垫块的加工

学习目标

1. 能了解车间和工作区的范围和限制，理解企业在环境、安全、卫生等方面的标准。

2. 能检查工作区、设备、工具和材料的状况和功能。

3. 能按零件图样要求，测量毛坯外形尺寸，判断毛坯是否有足够的加工余量。

4. 能正确、规范装夹铣刀，并根据加工要求，运用适当对刀方法正确对刀。

5. 能正确选择粗、精基准，正确装夹、调整零件位置，满足加工要求。

6. 在 V 形垫块加工过程中，能严格按照铣床操作规程操作铣床，按工步切削；根据切削状态调整切削用量，保证正常切削；适时检测，保证精度。

7. 能利用通用量具在加工过程中进行适时测量，并调整机床参数，保证加工精度。

8. 能在加工完毕后，按照图样要求进行自检。

9. 能按车间现场管理规定正确放置零件。

10. 能按产品工艺流程和车间要求，进行产品交接并确认。

11. 能按车间规定及“6S”管理的要求，整理现场，保养机床。

12. 能按车间规定填写交接班记录。

13. 能按国家环保相关规定和车间要求，正确处置废油液等废弃物。

建议学时：30 学时。

学习过程

一、填写领料单（表 2–6）并领取材料

建议：重点在于学生能否规范填写并执行该表单，领取材料是工作流程中的必备环节，应注重培养学生养成良好的习惯。

表 2–6　　领料单

填表日期：　　年　　月　　日

领料部门		审核部门				
领料人		审核人				
材料名称	材料规格及型号	数量		单位	单价	总价
		请领	实发			

发料人：　　　　发料日期：　　年　　月　　日

二、填写工量具清单（表 2–7）并领取工量具

建议：领取工量具的同时要求学生对 V 形垫块的加工进行梳理和总结，确保所领取的工量具可完成加工任务，同时引导学生拓展学习其他相关工量刃具。

表 2–7　　工量具清单

序号	工量具名称	规格	数量	需领用

三、进行加工

在实训场地按照表 2–8 操作过程的提示，完成 V 形垫块的加工。

建议：

1. 教师巡回指导，纠正学生的不规范操作。
2. 锻炼学生独立制定加工步骤与加工方法。
3. 通过 V 形垫块加工，检查学生平面铣削的掌握情况。
4. 指导学生正确加工 V 形垫块中的 V 形槽等。
5. 做好考核工作安排，指派专人担任安全文明生产管理员、质量控制员等，强调安全及考核标准，做好时间控制。

表 2–8　　操作过程

操作步骤	操作要点
1. 加工前准备工作	按操作规程，加工零件前首先要检查各手柄的原始位置是否正常及各进给方向的停止挡铁是否在限位柱范围内，是否牢靠，然后完成机床润滑、预热等准备工作
2. V 形垫块外形加工	（1）选择和安装铣刀，并调整铣刀主轴转速、工作台进给量 （2）根据毛坯尺寸，选择合适规格的面铣刀刀盘，并调整主轴转速至所选转速，进给量调至所选数值。检查工件毛坯，确定各平面的铣削深度。用平口钳装夹，完成各平面的铣削工作
3. 直角沟槽的铣削	（1）在立式铣床上，换装 ϕ12 mm 的立铣刀并调整铣削用量。用平口钳装夹工件，开始铣削 16 mm × 35 mm 直角通槽 （2）将工件面 1 靠向固定钳口，面 6 向上，调整好位置并夹紧工件 （3）移动工作台，调整铣刀位置，采用侧面对刀法或试切法，移距，分粗、精加工。精加工时首先保证直角沟槽一侧到边的尺寸 9.5 mm 即间接保证对称度 0.05 mm（用千分尺进行检测），然后铣削槽宽完成 16 mm × 35 mm 直角通槽的铣削，并注意保证槽宽（16 ± 0.02）mm（用量规进行检测）、槽深 $5^{+0.10}_{0}$ mm（用游标深度卡尺检测或用千分尺间接测量）等尺寸、对称度公差及表面粗糙度。检查无误后，拆下工件，用锉刀去除毛刺
4. 直角窄槽的铣削	（1）将选择好的铣刀安装到铣床上。调整主轴转速至所选转速，进给量调至所选数值 （2）将工件在平口钳内夹紧，基准面 1 靠向固定钳口，面 6 向下放在平行垫铁上作为辅助基准，校正并夹紧工件 （3）移动工作台，调整铣刀位置，对刀，完成直角窄槽的加工。由于槽窄且深，直接用立铣刀或键槽铣刀铣到底容易导致铣刀折断，因此建议采用分层铣削的方法，先用≤ ϕ12 mm 的铣刀铣一个 12 mm × 6 mm 深的宽槽，再用 ϕ5 mm 的铣刀铣窄槽至要求。注意铣削宽槽的时候要留出铣削 V 形槽的余量 （4）检查无误后，拆下工件，用锉刀去除毛刺

续表

操作步骤	操作要点
5. V 形槽的铣削	（1）在立式铣床上，换装 ϕ16 mm 的立铣刀并调整铣削用量 （2）将工件装在平口钳内，旋转 45°后放在 90° V 形垫铁上后夹紧工件 （3）移动工作台，调整铣刀位置，对刀，分别完成 26 mm × 90° V 形槽的铣削，并注意保证各尺寸及几何公差。检查无误后拆下工件，用锉刀去除毛刺
6. 加工后整理工作	加工完毕后，按照图样要求进行自检，正确放置零件，并进行产品交接确认；按照国家环保相关规定和车间要求，整理现场，正确处置废油液等废弃物；按车间规定填写交接班记录和设备日常保养记录卡

学习活动 4　V 形垫块的测量及误差分析

学习目标

1. 能利用量具完成 V 形垫块各要素的直接和间接测量。

2. 能根据 V 形垫块的检测结果，分析误差产生的原因。

3. 能正确、规范地使用工量具对 V 形垫块进行检测，并准确记录测量结果。

4. 能根据检测结果正确填写检验报告单，分析加工误差出现的原因。

5. 能按检验室管理要求及工量具维护标准，正确维护与放置检验工量具。

建议学时：15 学时。

学习过程

一、检测工件

对工件进行检测，并将结果填写在表 2-9 中。

建议：

1. 组织学生对照检测评价单进行尺寸检测。

2. 检测记录一栏中应记录实际数值，便于教师检查和学生进行自我分析与总结。

3. 若职业素养中的项目被扣分，应要求学生整改到位后再开始工作。

表 2-9　检测评价单

序号	名称	配分	项目与技术要求	评分标准	检测记录	得分
1	主要尺寸（65 分）	8	（35 ± 0.02）mm	超差不得分		
2		8	（35 ± 0.06）mm	超差不得分		
3		8	（38 ± 0.04）mm	超差不得分		
4		8	（16 ± 0.02）mm	超差不得分		

续表

序号	名称	配分	项目与技术要求	评分标准	检测记录	得分
5	主要尺寸（65 分）	5	$5^{+0.10}_{0}$ mm	超差不得分		
6		5	90° ±1′	超差不得分		
7		6	垂直度 0.02 mm	超差不得分		
8		6	对称度 0.02 mm	超差不得分		
9		5	对称度 0.05 mm	超差不得分		
10		6	平面度 0.01 mm	超差不得分		
11	次要尺寸（10 分）	5	26 mm	超差不得分		
12		5	5 mm	超差不得分		
13	表面粗糙度（10 分）	5	*Ra*1.6 μm（5 处）	降级不得分		
14		5	*Ra*3.2 μm（10 处）	降级不得分		
15	主观评分（10 分）	3.5	已加工零件倒角、倒圆、倒钝、去毛刺是否符合图样要求			
16		3.5	已加工零件是否有划伤、碰伤和夹伤			
17		3	已加工零件与图样要求的一致性以及其余表面粗糙度			
18	更换添加毛坯（5 分）	5	是否更换添加毛坯		是 / 否	
19	职业素养	扣分	能正确穿戴工作服、工作鞋、安全帽和护目镜等劳动防护用品。每违反一项扣 2 分			
20			能规范使用设备、工具、量具和辅具。每违规操作一次扣 2 分			
21			能做好设备清洁、保养工作。不清洁、不保养扣 3 分，清洁保养不彻底扣 2 分			
总分			100		得分	

二、误差分析

根据检测结果进行误差分析，将分析结果填写在表 2–10 中。

建议：

1. 培养学生分析外形尺寸误差、几何精度误差和表面粗糙度误差的产生原因与修正措施。
2. 培养学生掌握分析误差产生原因的方法，引导学生总结误差修正措施，使学生养成良好的学习习惯。

表 2–10　　误差分析表

测量内容		零件名称	
测量工具和仪器		测量人员	
班级		日期	

质量问题	产生原因	修正措施
外形尺寸误差		
几何精度误差		
表面粗糙度误差		
其他误差		

结论（误差分析）：

三、清理现场、归置物品

完成 V 形垫块的制作后，按照“6S”现场管理规范要求，保养工量具、清理现场、合理归置物品。

建议：教师应设立专门的安全文明生产管理员，随时检查，让学生养成良好的文明生产习惯，提高工作效率和加工质量。

学习活动 5　工作总结与评价

学习目标

1. 能按照能力评价表完成自评，通过交流讨论等方式较全面地对学习与工作情况进行总结。

2. 能按分组情况派代表积极、自信地展示零件加工成果，使用专业术语讲述本次任务的完成情况，并做分析总结。

3. 能与班组长、工具管理员等相关人员进行有效的沟通与合作，理解有效沟通和团队合作的重要性。

4. 能认真倾听他人的展示汇报，并接受其他小组的点评意见。

5. 能反思总结工作经验，提出改进措施，优化加工策略。

建议学时：10 学时。

学习过程

一、个人总结与评价

由个人填写表 2–11，对本次任务进行总结与评价。

建议：

1. 填写个人评价表，总结本次任务中所涉及知识与技能的掌握情况，给出准确的评价。

2. 评分时可分好、中、差三档分数段，便于学生根据实际情况合理评分。

表 2–11　个人评价表

序号	评价内容	配分	得分	总结个人在本次任务中掌握的知识与技能
1	能明确车间和工作区范围及限制	10		
2	能规范执行机加工车间安全防护规定	10		
3	能正确阅读生产任务单与零件图	10		

续表

序号	评价内容	配分	得分	总结个人在本次任务中掌握的知识与技能
4	能根据需要准确查阅相关资料	10		
5	能结合任务需求做好工艺与操作准备	10		
6	能熟练、规范操作铣床	10		
7	能在规定时间内完成产品的加工	10		
8	能正确检测产品的各项精度要求	10		
9	能严格执行现场“6S”管理要求	10		
10	能规范完成产品送检及交接班工作	10		
总分		100		

二、小组总结与评价

由各小组组长负责记录工作过程情况，并组织小组讨论确定各成员的学习与工作情况，填写表 2–12，完成小组总结与评价。

建议：

1. 学生通过在小组中展示、汇报等环节对自我学习情况进行分析与总结。

2. 小组讨论确定各成员的学习情况，小组评价表由组内成员互相交换填写，组长负责记录。

3. 针对个人解决问题的能力与沟通协作能力做简要的文字总结，并对各成员在小组学习中做出的贡献给予准确的评价。

表 2–12　　小组评价表

序号	评价内容	配分	得分	总结个人在小组中参与的工作
1	能合作完成教师布置的任务和作业	10		
2	能认真听教师讲课，听同学发言	10		
3	能积极参与讨论，与他人良好合作	10		
4	能合作查阅相关资料，形成意见文本	10		
5	能积极地就疑难问题向同学和教师请教	10		
6	能积极参与合作分工，并指出同学在操作中的不规范行为	10		
7	能规范操作机床进行产品加工，并及时记录（小组）加工过程	10		
8	能通过正确的加工与检测，与同学一起分析并控制产品质量	10		
9	能与同学按车间管理要求，规范摆放工量刀具，整理清扫现场	10		
10	能通过记录、讨论等活动，总结反思任务实施中出现的问题，提出解决方法，积累工作经验	10		
总分		100		

三、教师总结与评价

由教师组织各小组进行汇报与交流，对整个学习环节中的成绩与问题进行总结，对学习与工作情况进行评价，并填写表 2–13。

建议：

1. 教师组织各小组进行汇报、交流，并对班级整体学习与工作情况进行总结与评价。
2. 总结问题，表扬优秀案例，对突出的典型问题和安全事项给出标准答案。
3. 引导学生树立正确的劳动价值观。
4. 布置课后作业，明确课后任务要求。

表 2–13　　教师评价表

序列	评价内容	配分	得分	教师点评
1	遵守学校各项规章制度情况	10		
2	文明生产习惯的养成情况	10		
3	查找资源、工量刃具的选择、工艺分析等学习与工作的准备能力	10		
4	安全、有效地选择和使用合适的机床，并完成产品加工	10		
5	学习与工作中发现与解决问题的能力	10		
6	学习与工作的执行能力（是否按照工作页流程实施）	10		
7	学习与工作时的组织能力	10		
8	协助或帮助小组成员完成任务情况	10		
9	对任务完成情况的总结与表达能力	10		
10	现场“6S”管理意识的养成情况	10		
总分		100		

任课教师：　　　　年　　月　　日

四、总评

汇总前面学习活动的检测评价单以及个人评价表、小组评价表、教师评价表的得分，按照权重计算实际得分，填写在表 2–14 中。

表 2-14　　总评表

内容	得分	权重	加权得分
检测评价		40%	
个人评价		20%	
小组评价		20%	
教师评价		20%	
总分			

姓名：　　　　年　　月　　日

任务拓展

一、工作情境描述

某企业需要制作 40 件如图 2-15 所示止动块，毛坯为 72 mm × 52 mm × 52 mm 板料，材料为 HT300。生产技术部将该项生产任务安排给铣工组，止动块表面要求光洁、美观，无毛刺。

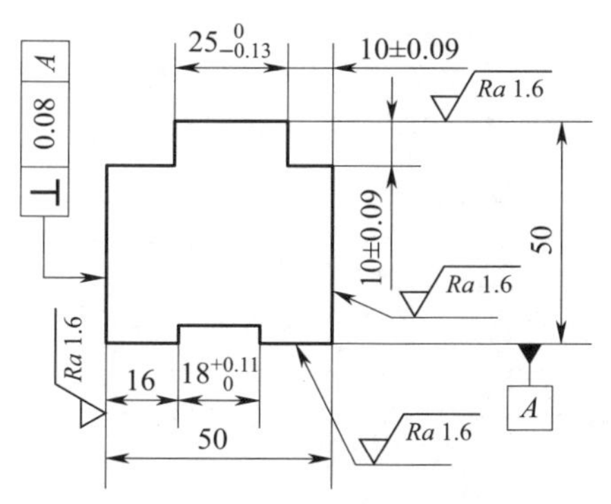

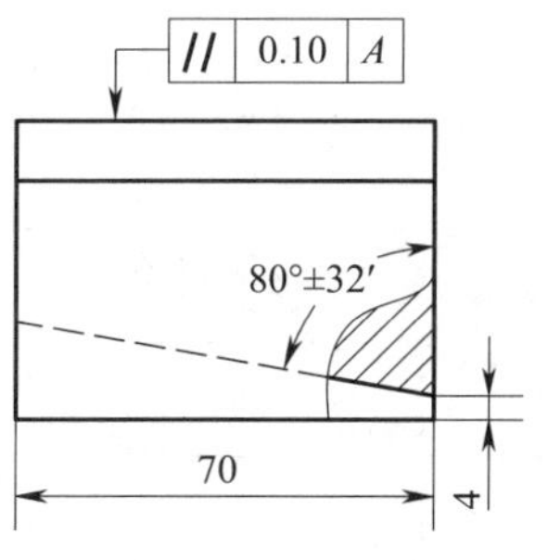

技术要求

1. 全部锐边倒圆角 R0.3。
2. 线性尺寸未注公差按 GB/T 1804—m。

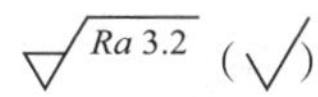

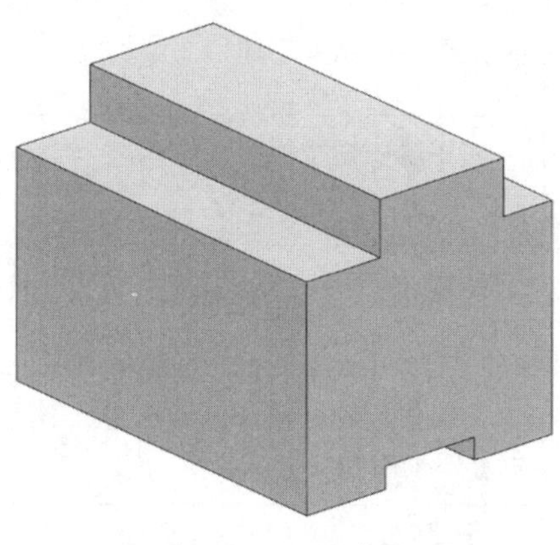

图 2-15　止动块

二、评分标准

按表 2–15 中项目和技术要求检测止动块尺寸是否合格。

表 2–15 检测评价单

序号	名称	配分	项目与技术要求	评分标准	检测记录	得分
1	主要尺寸（55 分）	8	（10 ± 0.09）mm	超差不得分		
2		8	（10 ± 0.09）mm	超差不得分		
3		8	$25_{-0.13}^{0}$ mm	超差不得分		
4		8	$18_{0}^{+0.11}$ mm	超差不得分		
5		7	80° ± 32′	超差不得分		
6		8	垂直度 0.08 mm	超差不得分		
7		8	平行度 0.10 mm	超差不得分		
8	次要尺寸（20 分）	5	50 mm	超差不得分		
9		5	50 mm	超差不得分		
10		5	70 mm	超差不得分		
11		5	4 mm	超差不得分		
12	表面粗糙度（10 分）	4	*Ra*1.6 μm（4 处）	降级不得分		
13		6	*Ra*3.2 μm（9 处）	降级不得分		
14	主观评分（10 分）	3.5	已加工零件倒角、倒圆、倒钝、去毛刺是否符合图样要求			
15		3.5	已加工零件是否有划伤、碰伤和夹伤			
16		3	已加工零件与图样要求的一致性以及其余表面粗糙度			
17	更换添加毛坯（5 分）	5	是否更换添加毛坯		是 / 否	
18	职业素养	扣分	能正确穿戴工作服、工作鞋、安全帽和护目镜等劳动防护用品。每违反一项扣 2 分			
19			能规范使用设备、工具、量具和辅具。每违规操作一次扣 2 分			
20			能做好设备清洁、保养工作。不清洁、不保养扣 3 分，清洁保养不彻底扣 2 分			
总分			100		得分	

世赛知识

铣削在世赛制造团队挑战赛项目中的应用

制造团队挑战赛项目是指运用机械设计、电路设计、产品制图、电子装配、电路编程、数控加工、普通车床加工、普通铣床加工、钣金折弯、金属焊接等方面的技术技能，使用计算机辅助设计软件完成产品的结构和电路设计，使用数控机床、普通车床、普通铣床、折弯机、焊接设备完成产品零部件的生产加工，通过电子装配、电路编程完成控制部件的制作，通过机械部件的装配、控制电路装配、调试实现机构功能的竞赛项目。

世界技能大赛制造团队挑战赛项目是团队项目，每队由 3 名选手组成。项目采用第三方命题，比赛共设置产品设计、数控加工、综合制造 3 个模块，赛程为 4 天，累计比赛时间限定在 21 小时内。该竞赛项目需要选手具备机械设计、制图、车工、铣工、数控铣工、钣金加工、装配钳工、电工等多种技能。

铣削是制造团队挑战赛项目中的基本考核技能，参赛选手需要应用铣削技能，在竞赛中结合其他加工技能完成零件的加工，如铣削内外轮廓、台阶、平面、钻孔、铰孔、攻螺纹等操作。图 2–16 所示为第 43 届世界技能大赛该项目试题（微型叉车）。

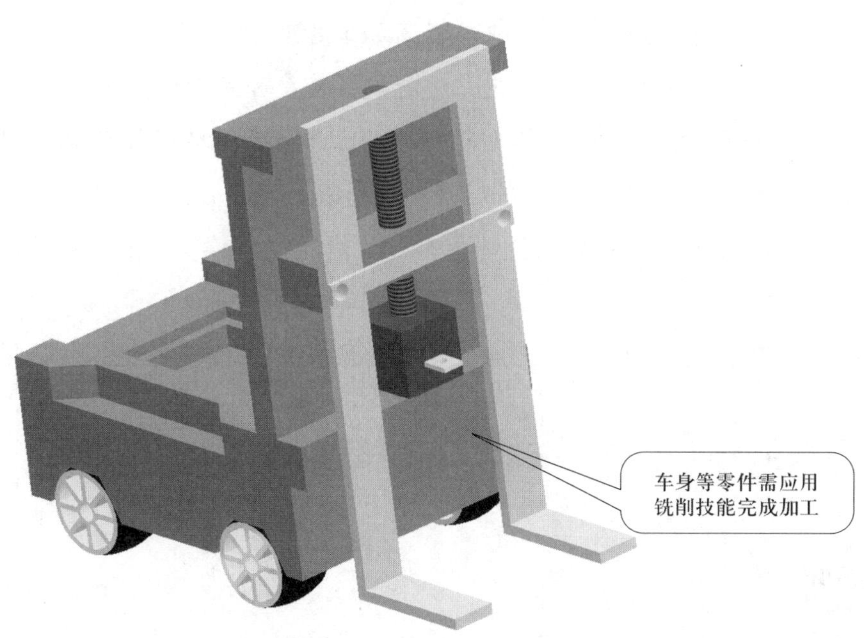

图 2–16　第 43 届世界技能大赛试题（微型叉车）

学习任务三　拨杆轴的铣削

学习目标

1. 能独立阅读拨杆轴生产任务单，明确工时、加工数量等要求，说出所加工零件的用途、功能和分类。

2. 能识读拨杆轴图样和工艺卡，明确加工技术要求和加工工艺。

3. 能根据现场条件，查阅技术手册或咨询班组长等专业技术人员，确定符合加工技术要求的工具、量具、夹具、辅具及切削液。

4. 能检查铣床功能完好情况，按操作规程进行加工前机床润滑、预热等准备工作。

5. 在加工过程中，能严格按照铣床操作规程操作铣床，按工步铣削轴上的沟槽和键槽；根据切削状态调整切削用量，保证正常切削；适时检测，保证精度。

6. 能对加工误差进行分析，并通过调整机床提高加工精度。

7. 能按产品工艺流程和车间现场管理规定，进行产品交接并正确放置零件。

8. 能在作业过程中严格执行企业操作规范、安全生产制度、环保管理制度以及“6S”管理规定，严格遵守从业人员的职业道德，具有吃苦耐劳、爱岗敬业的工作态度和职业责任感。

9. 能与班组长、工具管理员等相关人员进行有效的沟通与合作，理解有效沟通和团队合作的重要性。

10. 能对铣床进行日常保养、维护，正确处置废油液等废弃物与整理工作场地，及时做好交接班工作。

11. 能主动获取有效信息，展示工作成果，对学习与工作进行总结反思。

建议学时

60 学时。

工作情境描述

某企业接到一批拨杆轴（图 3-1）轴上沟槽和键槽加工订单，材料为 40Cr，生产主管计划用普通铣床进行加工。该零件沟槽的作用是与拨叉连接，跟随拨叉轴向移动；键槽的作用是与键连接实现周向固定，并传递转矩。键槽的尺寸精度为 IT8 级，表面粗糙度为 Ra 3.2 μm，键槽与轴线的对称度公差为 0.04 mm。

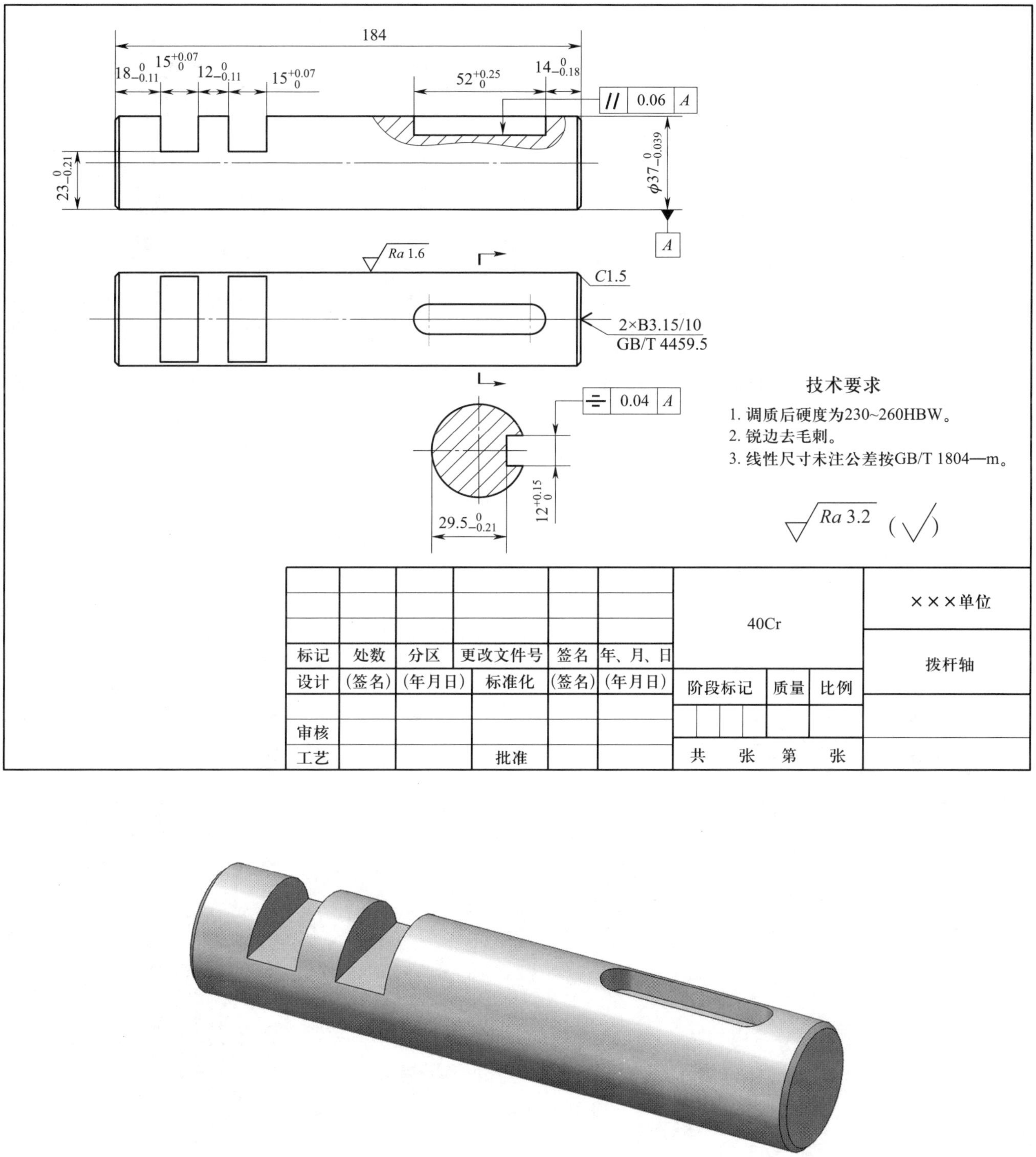

技术要求

1. 调质后硬度为230~260HBW。
2. 锐边去毛刺。
3. 线性尺寸未注公差按GB/T 1804—m。

						40Cr			×××单位
标记	处数	分区	更改文件号	签名	年、月、日				拨杆轴
设计	(签名)	(年月日)	标准化	(签名)	(年月日)	阶段标记	质量	比例	
审核									
工艺			批准			共　张	第　张		

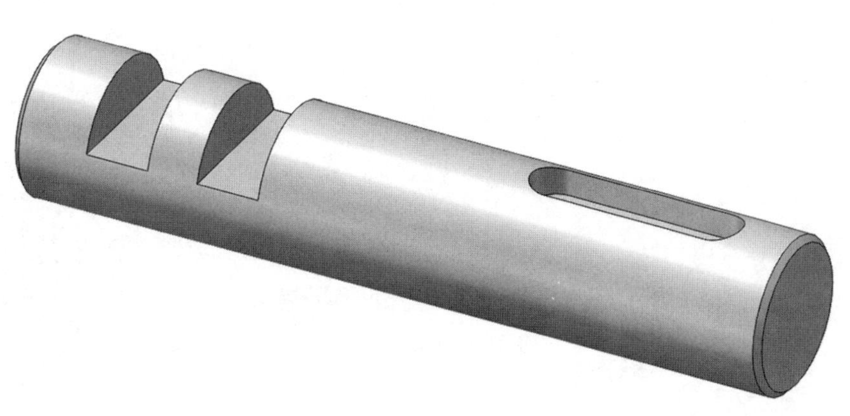

图 3–1　拨杆轴

工作流程与活动

1．领取工作任务，明确加工内容（5学时）

2．制定拨杆轴的加工工艺（10学时）

3．拨杆轴的加工（30学时）

4．拨杆轴的测量及误差分析（10学时）

5．工作总结与评价（5学时）

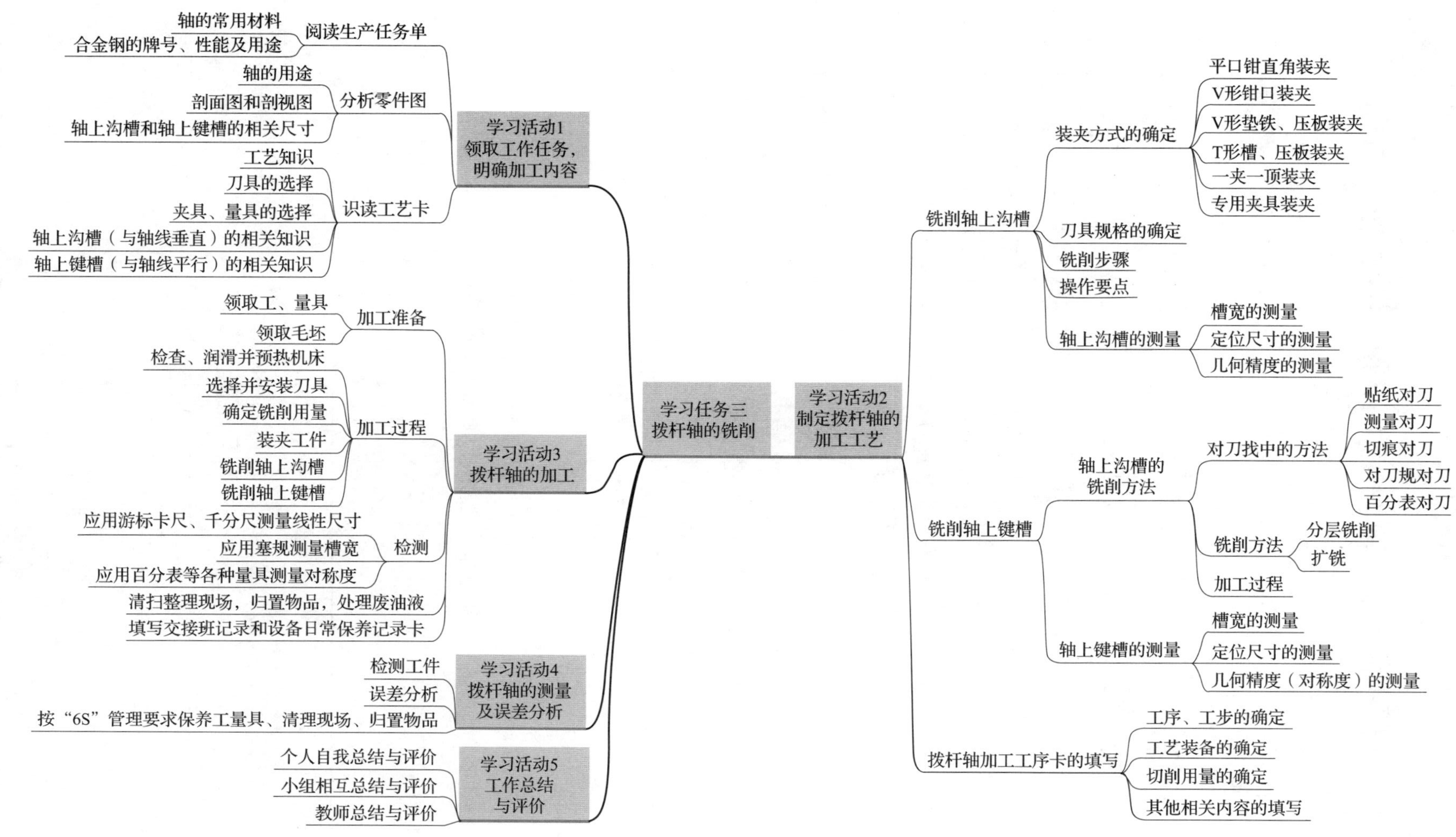
学习任务三
拔杆轴的铣削
学习活动1
领取工作任务，
明确加工内容
阅读生产任务单
轴的常用材料
合金钢的牌号、性能及用途
分析零件图
轴的用途
剖面图和剖视图
轴上沟槽和轴上键槽的相关尺寸
识读工艺卡
工艺知识
刀具的选择
夹具、量具的选择
轴上沟槽（与轴线垂直）的相关知识
轴上键槽（与轴线平行）的相关知识
学习活动2
制定拔杆轴的
加工工艺
铣削轴上沟槽
装夹方式的确定
平口钳直角装夹
V形钳口装夹
V形垫铁、压板装夹
T形槽、压板装夹
一夹一顶装夹
专用夹具装夹
刀具规格的确定
铣削步骤
操作要点
轴上沟槽的测量
槽宽的测量
定位尺寸的测量
几何精度的测量
铣削轴上键槽
轴上沟槽的
铣削方法
对刀找中的方法
贴纸对刀
测量对刀
切痕对刀
对刀规对刀
百分表对刀
铣削方法
分层铣削
扩铣
加工过程
轴上键槽的测量
槽宽的测量
定位尺寸的测量
几何精度（对称度）的测量
拔杆轴加工工序卡的填写
工序、工步的确定
工艺装备的确定
切削用量的确定
其他相关内容的填写
学习活动3
拔杆轴的加工
加工准备
领取工、量具
领取毛坯
检查、润滑并预热机床
加工过程
选择并安装刀具
确定铣削用量
装夹工件
铣削轴上沟槽
铣削轴上键槽
检测
应用游标卡尺、千分尺测量线性尺寸
应用塞规测量槽宽
应用百分表等各种量具测量对称度
清扫整理现场，归置物品，处理废油液
填写交接班记录和设备日常保养记录卡
学习活动4
拔杆轴的测量
及误差分析
检测工件
误差分析
按“6S”管理要求保养工量具、清理现场、归置物品
学习活动5
工作总结
与评价
个人自我总结与评价
小组相互总结与评价
教师总结与评价

学习活动1　领取工作任务，明确加工内容

学习目标

1. 能独立阅读拨杆轴生产任务单，明确工时、加工数量等要求，说出所加工零件的用途、功能和分类。

2. 能识读拨杆轴图样和工艺卡，查阅技术手册或咨询班组长等专业技术人员，明确加工技术要求，制定加工工步。

3. 能根据零件特征，查阅技术手册或咨询班组长等专业技术人员，正确选择刀具规格。

4. 能根据现场条件，查阅技术手册或咨询班组长等专业技术人员，确定符合加工技术要求的工具、量具、夹具、辅具及切削液。

建议学时：5学时。

学习过程

领取拨杆轴的生产任务单、零件图样、工艺卡，明确本次加工任务的内容。

一、阅读生产任务单（表3–1）

表3–1　生产任务单

需方单位名称		×××企业		完成日期	年　月　日	
序号	产品名称	材料	数量	技术标准、质量要求		
1	拨杆轴	40Cr	100件	按图样要求		
2						
生产批准时间		年　月　日	批准人			
通知任务时间		年　月　日	发单人			
接单时间		年　月　日	接单人		生产班组	铣工组

1．查阅资料，叙述轴的常用材料有哪些。

轴常用的材料有非合金钢、合金钢和球墨铸铁等。

2．查阅资料，叙述轴的用途有哪些。

轴主要用于支撑回转零件（如齿轮、带轮等），传递运动和动力。

二、分析零件图（图 3–1）

1．图样中的轴上键槽是如何表达的？有哪些相关尺寸？

图样中的轴上键槽采用俯视图、主视图局部剖视图、移出断面图等方法表达。

相关尺寸包括 $40_{-0.18}^{\ 0}$ mm、$52_{\ 0}^{+0.25}$ mm、$12_{\ 0}^{+0.15}$ mm、$29.5_{-0.21}^{\ 0}$ mm 及相对基准 A 的对称度 0.04 mm、相对基准 A 的平行度 0.06 mm。

2．断面图和剖视图的区别是什么？

断面图与剖视图是两种不同的表示法，两者虽然都是先假想剖开零件后再投射，但是剖视图不仅要画出被剖切面切到的部分，一般还应画出剖切面后面的可见部分；而断面图则仅画出被剖切面切断的断面形状。

三、识读工艺卡（表 3–2）

表 3–2　　拨杆轴加工工艺卡

<table>
<tr><td colspan="2" rowspan="2">单位名称</td><td rowspan="2"></td><td>产品名称</td><td colspan="2">拨杆轴</td><td colspan="3">图号</td><td colspan="2"></td></tr>
<tr><td>零件名称</td><td colspan="2">拨杆轴</td><td colspan="3">数量</td><td>100</td><td>第 1 页</td></tr>
<tr><td>材料种类</td><td>棒板料</td><td>材料牌号</td><td>40Cr</td><td colspan="2">毛坯尺寸</td><td colspan="4">ϕ42 mm × 185 mm</td><td>共 1 页</td></tr>
<tr><td rowspan="2">工序号</td><td colspan="3" rowspan="2">工序内容</td><td rowspan="2">车间</td><td rowspan="2">设备</td><td colspan="3">工具</td><td rowspan="2">计划工时</td><td rowspan="2">实际工时</td></tr>
<tr><td>夹具</td><td>量具</td><td>刃具</td></tr>
<tr><td>1</td><td colspan="3">下料</td><td>下料</td><td>锯床</td><td>专用夹具</td><td>钢直尺</td><td>带锯条</td><td></td><td></td></tr>
<tr><td>2</td><td colspan="3">车削外圆</td><td>金工</td><td>普通车床</td><td>三爪自定心卡盘</td><td>游标卡尺</td><td>90° 外圆车刀、右偏刀、切断刀</td><td></td><td></td></tr>
</table>

续表

<table>
<tr><th rowspan="2">工序号</th><th rowspan="2">工序内容</th><th rowspan="2">车间</th><th rowspan="2">设备</th><th colspan="3">工具</th><th rowspan="2">计划工时</th><th rowspan="2">实际工时</th></tr>
<tr><th>夹具</th><th>量具</th><th>刃具</th></tr>
<tr><td>3</td><td>铣削轴上沟槽与键槽</td><td>金工</td><td>铣床</td><td>分度头及其附件</td><td>塞规、游标卡尺、千分尺、游标高度卡尺、百分表、综合量规</td><td>立铣刀或键槽铣刀</td><td></td><td></td></tr>
<tr><td>4</td><td>磨削外圆</td><td>金工</td><td>磨床</td><td>回转顶尖、鸡心夹头</td><td>游标卡尺、千分尺</td><td>砂轮</td><td></td><td></td></tr>
<tr><td>更改号</td><td colspan="2"></td><td colspan="2">拟定</td><td>校正</td><td colspan="2">审核</td><td>批准</td></tr>
<tr><td>更改者</td><td colspan="2"></td><td colspan="2"></td><td></td><td colspan="2"></td><td></td></tr>
<tr><td>日期</td><td colspan="2"></td><td colspan="2"></td><td></td><td colspan="2"></td><td></td></tr>
</table>

1．从工艺卡中可以看出，本次加工内容为轴上沟槽及轴上键槽。

（1）写出图 3-2 所示轴上键槽的种类名称及其技术要求。

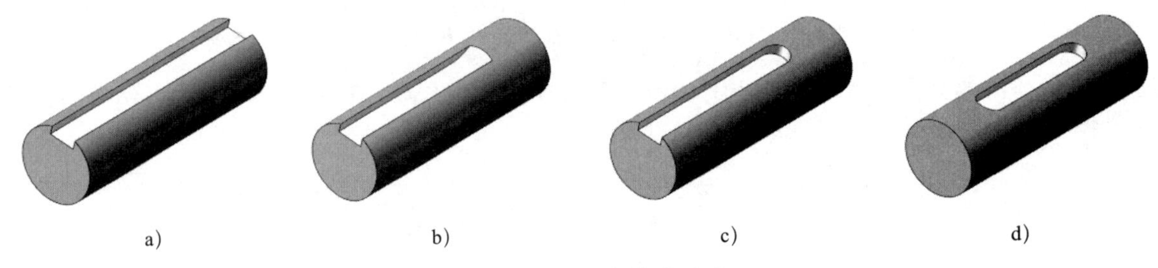

a)　b)　c)　d)

图 3-2　轴上键槽的种类

图 3-2a 所示为通槽，图 3-2b 和图 3-2c 所示为半通槽，图 3-2d 所示为封闭槽。

技术要求：

1）槽的宽度尺寸精度要求较高（IT9 级）。

2）轴槽两侧面的表面粗糙度值较小（Ra1.6 ~ 3.2 um）。

3）轴槽两侧面的对称度要求较高（公差为 7 ~ 9 级）。

4）槽的长度和深度尺寸精度要求较低。

5）槽底面的表面粗糙度值较大。

（2）轴上键槽在加工中可以选择多种装夹方法，选择的铣刀也不一样，查阅技术手册或咨询班组长等专业技术人员，写出铣削轴上键槽常用的装夹方法。

1）平口钳装夹。

2）用 V 形垫铁装夹。

3）用分度头定中心装夹。

2．从工艺卡中可以看出，本次加工内容使用多种铣刀进行加工。查阅技术手册或咨询班组长等专业技术人员，回答以下问题。

（1）写出加工轴上沟槽时所使用的铣刀及规格。

轴上沟槽宽度为 15 mm，因此可选择 10 ～ 14 mm 的立铣刀或键槽铣刀。

（2）写出加工轴上键槽时所使用的铣刀及规格。

轴上键槽宽度为 12 mm，因此可选择 8 ～ 12 mm 的立铣刀或键槽铣刀。

3．从工艺卡中可以看出，本次加工使用多种量具进行检测。

（1）零件图中的拨杆轴沟槽宽度尺寸应选择什么量具测量？写出其规格。

拨杆轴沟槽宽度可选择游标卡尺测量，其规格为 0 ～ 150 mm，精度为 0.02 mm。

（2）零件图中的拨杆轴的槽底深度尺寸应选择什么量具测量？写出理由。

拨杆轴的槽底深度可选择游标卡尺测量，其公差范围较大且为直线距离的尺寸，游标卡尺就可以直接测量。

（3）零件图中的轴上键槽的槽宽应选择什么量具测量？写出其规格。

拨杆轴轴上键槽的槽宽可选择塞规测量，其规格为 $\phi 12_{0}^{+0.15}$ mm。

（4）零件图中轴上键槽槽宽的对称度应选择哪些量具测量？如何测量？

拨杆轴轴上键槽槽宽的对称度可选择平板、直角尺、游标高度卡尺（及其表座）、塞块、百分表等测量。

将一块厚度与键槽宽度尺寸相同的平行塞块塞入键槽内，用百分表校正塞块的 A 平面与平板或工作台面平行，并记下百分表读数。将工件转过 180°，用百分表校正塞块的 B 平面与平板或工作台面平行，并记下百分表读数。两次读数的差值即为键槽的对称度误差。

学习活动 2　制定拨杆轴的加工工艺

学习目标

1. 能叙述铣削轴上沟槽的方法，制定拨杆轴轴上沟槽的加工步骤。

2. 能叙述铣削轴上键槽的方法，制定拨杆轴轴上键槽的加工步骤。

3. 能综合考虑零件材料、刀具材料、加工性质、机床特性等因素，查阅技术手册或询问班组长等技术人员，确定切削用量三要素（切削速度、进给量和切削深度），并能运用公式计算转速和进给量。

4. 能正确、规范填写拨杆轴的加工工序卡。

建议学时：10 学时。

学习过程

一、制定加工步骤

1．确定装夹方法

（1）装夹工件时，不但要保证工件的稳定性和可靠性，还要保证工件在夹紧后的中心位置不变。阅读表 3–3 铣削轴上沟槽和键槽的装夹方法，填写相关内容。

表 3–3　　铣削轴上沟槽和键槽的装夹方法

装夹方法	优缺点	图示
平口钳 直角装夹	如右图 a 所示，用平口钳装夹适用于在中小短轴上铣键槽与沟槽。如右图 b 所示，当工件直径有变化时，工件中心在钳口内也随之变动，影响键槽的__对称度__和__深度__尺寸，影响沟槽的深度尺寸。这种方法装夹简便、稳固，适用于单件生产。若轴的外圆已精加工过，也可用此装夹方法进行__小批量__生产	a) 平口钳　轴　a b)
V 形钳 口装夹	如右图 a 所示，把平口钳固定钳口铁改制为 V 形槽，如右图 b 所示，把平口钳固定钳口铁和活动钳口铁都改制为 V 形槽，适用于装夹中小短轴上铣键槽与沟槽。当工件直径有变化时，工件中心在钳口内也随之变动，影响键槽的对称度和__深度__尺寸，影响沟槽的深度尺寸。该方法装夹简便、稳固，适用于小批量生产。若轴的外圆已精加工过，也可用此装夹方法进行__中等批量__生产	a) b)

续表

<table>
<tr><th>装夹方法</th><th>优缺点</th><th>图示</th></tr>
<tr><td>V形垫铁、压板装夹</td><td>如右图a所示，V形垫铁装夹适用于长粗轴上的键槽与沟槽的铣削，采用V形垫铁定位支撑的优点为夹持刚度好，操作 方便 ，铣刀容易对中。其特点是工件中心只在V形垫铁的角平分线上，随直径的变化而上下变动。因此，当铣刀的中心对准V形垫铁的角平分线时，能保证键槽的对称度。如右图b所示，在铣削一批直径有偏差的工件时，虽对铣削深度有影响，但变化量一般不会超过键槽或沟槽槽深的尺寸公差。如右图c所示，在卧式铣床上用键槽铣刀加工，当工件的直径变化时，键槽的 对称度 会受影响。该方法无法铣削轴上沟槽</td><td>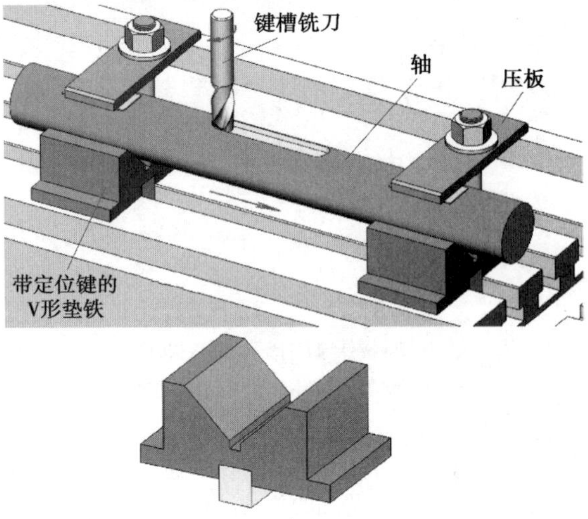

a)
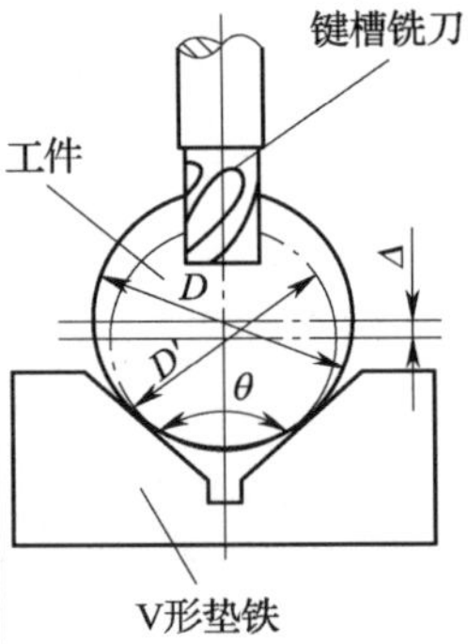

b)
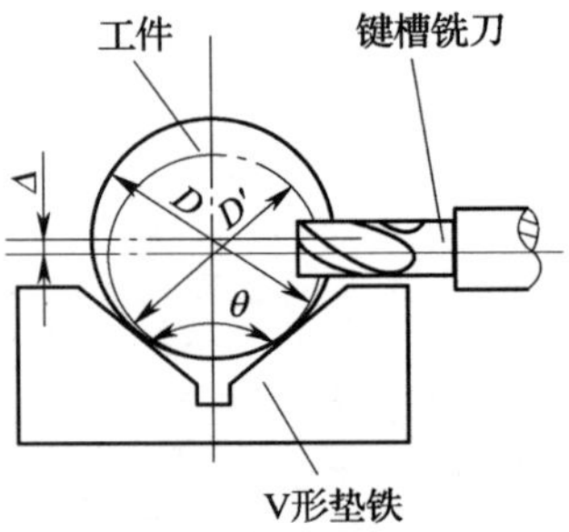

c)</td></tr>
<tr><td>T形槽、压板装夹</td><td>如右图所示为将轴直接安装在铣床工作台T形槽上并使用压板将轴夹紧的情况，T形槽槽口处的倒角相当于V形垫铁上的V形槽，能起到 定位 作用。当加工直径在20 ~ 60 mm范围内的长轴时，可直接装夹在工作台的T形槽口上，而 阶梯 轴和大直径轴不适合采用这种方法</td><td>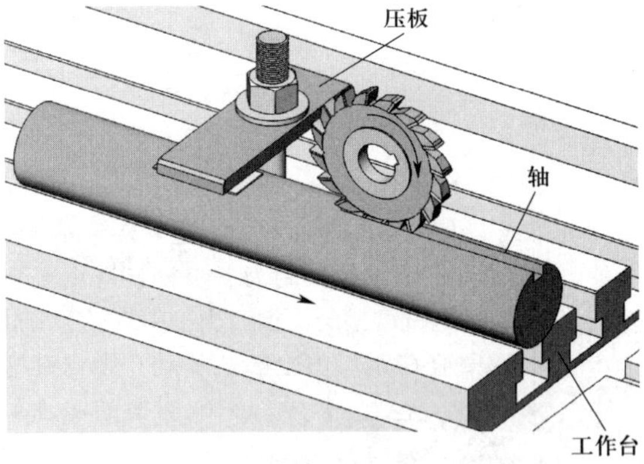

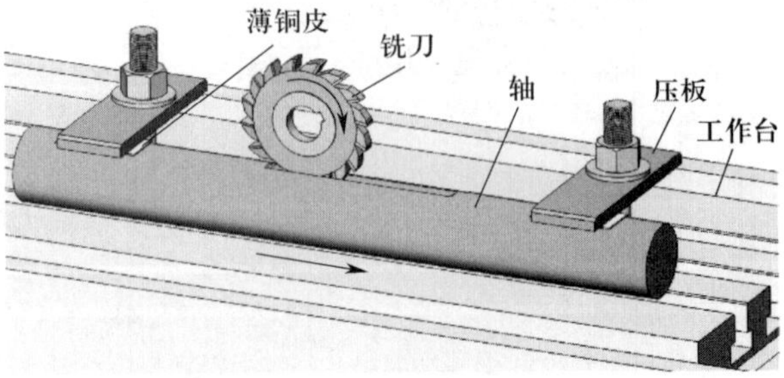
</td></tr>
</table>

续表

装夹方法	优缺点	图示
一夹一顶装夹	如右图所示，如果是对称键与多槽工件的安装，为了使轴上的键槽位置分布准确，大都采用分度头或者是带有分度装置的夹具装夹。利用分度头的三爪自定心卡盘和后顶尖装夹工件时，工件轴线必定在三爪自定心卡盘和顶尖的轴心线上，工件轴线位置不会因直径变化而变化，因此，轴上键槽的对称性不会受工件＿直径＿变化的影响，键槽与沟槽的深度会受工件＿直径＿变化的影响	
专用夹具装夹	如右图所示，使用轴专用平口钳装夹轴类零件时，具有用平口钳装夹和 V 形垫铁装夹的优点，装夹简便又迅速	

（2）针对本任务中铣削的轴上沟槽与键槽，查阅技术手册或询问班组长等技术人员，说明采用哪种装夹方式效果最好。

本次任务是以练习为目的的单件生产，拨杆轴的轴上沟槽与键槽的铣削选择平口钳与直角尺装夹工件效果最好。

2．轴上沟槽的铣削

轴上沟槽的铣削与普通直角沟槽的铣削方法相同。结合图 3–3，叙述拨杆轴轴上沟槽的铣削步骤及操作要点。

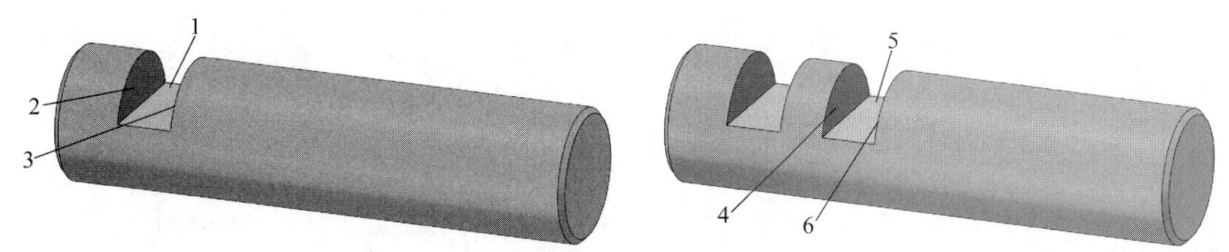

图 3–3　拨杆轴沟槽的铣削步骤

在装夹校正后，调整机床，使回转中的立铣刀的侧面切削刃轻擦拨杆轴靠近沟槽一侧端面的贴纸。垂直降落工作台，再纵向移动工作台，移动的位移 A 等于铣刀直径 D 和工件侧面到槽侧面距离 C 的总和，

$A=D+C$，将纵向进给紧固后，横向铣出直角通槽的一个侧面（面 2）并控制其到端面的距离，铣削宽度 α_e（面 1）应分层铣出。然后固定工作台垂直方向，纵向移动工作台铣削槽的另一个侧面（面 3），控制槽宽尺寸。第二个槽的铣削方法相同，起始面（定位面）为上一个沟槽的后加工侧面（面 3）。

3．轴上键槽的铣削

（1）铣削键槽时，调整铣刀与工件的相对位置（对中心），使键槽铣刀旋转轴线（或三面刃铣刀对称中心面）对准工件轴线，是保证键槽对称性的关键。阅读表 3–4 铣削轴上键槽常用的对刀方法，填写相关内容。

表 3–4　铣削轴上键槽常用的对刀方法

方法	说明	图示
贴纸对刀	如右图所示，先在工件侧面贴一张薄纸，用干净的液体作为黏液，开动铣床，当铣刀擦到薄纸后，向下退出工件，再横向移动铣刀 用三面刃盘形铣刀时移动距离 A 为 $A=\dfrac{D+L}{2}+\delta$ 用键槽铣刀或者立铣刀时移动距离 A 为 $A=\dfrac{D+d}{2}+\delta$ 式中　A——工作台移动距离，mm； L——铣刀宽度，mm； D——工件直径，mm； d——铣刀直径，mm； δ——薄纸厚度，mm	A L D 薄纸厚度δ 三面刃盘形铣刀 A d D 薄纸厚度δ 键槽铣刀
测量对刀	如右图所示，将直角尺贴在工件侧面，用游标卡尺测量直角尺与盘形铣刀或立铣刀的距离。测量后工作台移动距离 e 为 $e=s-T-\dfrac{d+B}{2}$ 式中　e——工作台移动距离，mm； B——铣刀宽度（或直径），mm； d——工件直径，mm； T——直角尺宽度，mm； s——尺翼至铣刀另一侧之间距离，mm	s T B e d a) s T B e d b)

续表

方法	说明	图示
切痕对刀	切痕对中心的方法使用简便，但对中心精度不高，是最常用的对中心方法。盘形铣刀切痕对中心法如右图 a 所示，先把工件大致调整到铣刀的中心位置上，开动铣床，在工件表面上切出一个接近铣刀宽度的<u>椭圆</u>形切痕，然后移动横向工作台，使铣刀落在椭圆的中间位置。键槽铣刀切痕对中心法如右图 b 所示，其原理和盘形铣刀切痕对中心法相同，只是键槽铣刀的切痕是个边长等于铣刀<u>直径</u>的四方形小平面。对中心时，使铣刀在旋转时落在小平面的中间位置	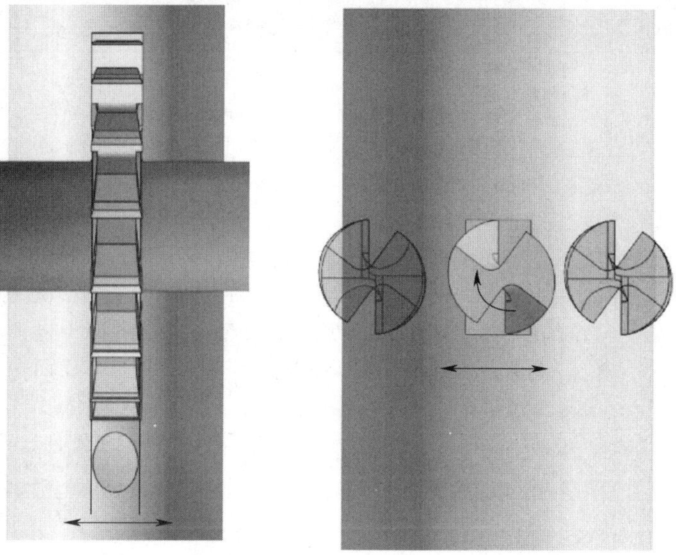 a)　b)
对刀规对刀	对刀规调整对刀如右图所示，图示 A 值计算如下： 用盘形铣刀或三面刃铣刀对刀时 $A=\frac{B}{2}$ 用立铣刀或键槽铣刀对刀时 $A=\frac{d}{2}$ 式中　B——盘形铣刀或三面刃铣刀宽度，mm； d——立铣刀或键槽铣刀直径，mm	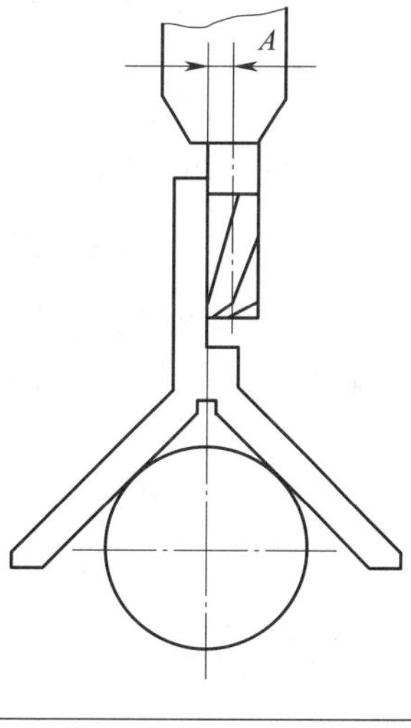
百分表对刀	如右图所示为工件装夹在平口钳内加工键槽。此时，可将百分表装在铣床主轴上，用手转动主轴，观察百分表在钳口两侧 a、b 两点的读数，若<u>读数相等</u>，则铣床主轴轴线对准了工件轴线。这种对中心法较精确	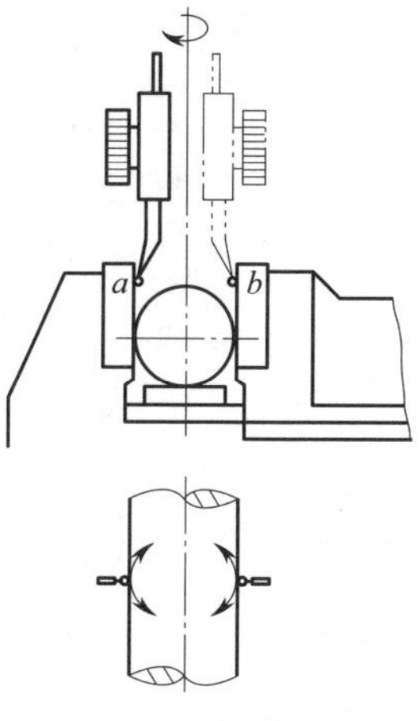

（2）阅读表 3–5 轴上键槽的铣削方法，填写相关内容。

表 3–5　　　　轴上键槽的铣削方法

铣削方法	详细说明	图示
分层铣削键槽	用这种方法加工，每次铣削深度只有 0.5 ~ 1 mm，以<u>较大</u>进给速度往返进行铣削，直至达到深度尺寸要求 使用此加工方法的优点是铣刀用钝后，只需刃磨端面，磨短不到 1 mm，铣刀直径不受影响；铣削时不会产生“让刀”现象；但在普通铣床上进行加工时，操作的灵活性<u>不好</u>，生产率反而比正常切削更低	0.2~0.5 0.2~0.5 *f* 0.5~1.0
扩铣键槽	将选择好的键槽铣刀外径磨小 0.3 ~ 0.5 mm（磨出的圆柱度要好）。铣削时，在键槽的两端各留 0.5 mm 余量，分层往复走刀铣至深度尺寸，然后测量槽宽，确定宽度余量，用符合键槽尺寸的铣刀由键槽的中心对称扩铣槽的两侧至尺寸，并同时铣至键槽的长度，如右图所示。铣削时注意保证键槽两端圆弧的圆度。这种铣削方法容易产生<u>让刀</u>现象，使槽侧产生斜度	分层铣削 0.5 0.5 0.1~0.3

（3）结合图 3–4，在加工拨杆轴上键槽时，应如何调整铣削？写出加工过程。

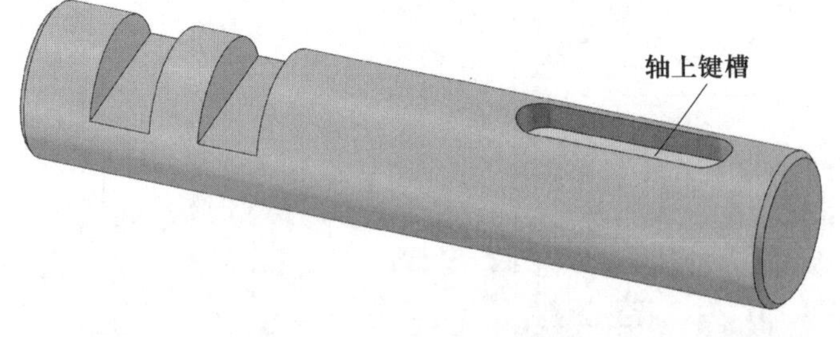

图 3–4　铣削轴上键槽

在装夹校正后，用杠杆百分表调整对中心，将横向进给锁紧，纵向移动工作台，使回转中的立铣刀的侧面切削刃轻擦拨杆轴靠近键槽一侧端面的贴纸。垂直降落工作台，再纵向移动工作台，移动位移 A 等于铣刀直径 D 和工件侧面到槽侧面距离 C 的总和，$A=D+C$，将纵向进给紧固后，用立铣刀直接钻孔至深度（或用钻头钻落刀孔），采用分层法铣削键槽。

（4）结合图 3-5、图 3-6、图 3-7，叙述轴上键槽的测量过程。

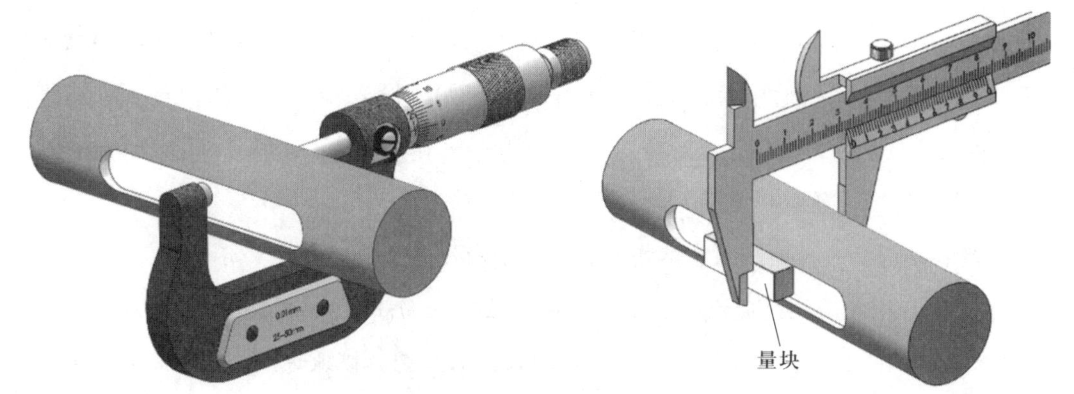

图 3-5　轴上键槽槽深测量

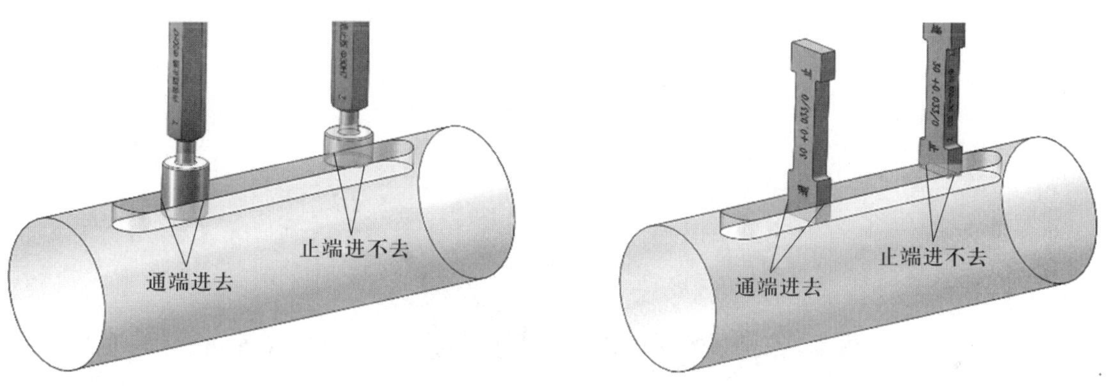

图 3-6　轴上键槽槽宽测量

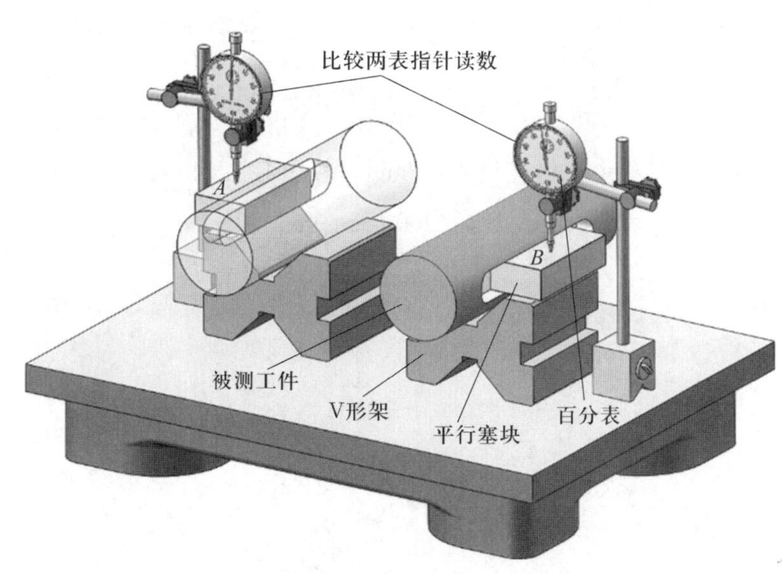

图 3-7　轴上键槽对称度测量

1）轴上键槽槽深测量。键槽深度检测可用游标卡尺、内径百分表、外径千分尺结合量块进行测量。

2）轴上键槽槽宽测量。根据键槽的具体精度要求，可选用游标卡尺、内径百分表、内测千分尺和塞规进行测量。

3）轴上键槽中心平面与轴线的对称度测量。将工件放置于V形垫铁内，选择一块与键槽宽度尺寸紧密配合的塞块塞入槽内，并使塞块的平面大致处于水平位置，用百分表检测塞块 *A* 面与平板（钳工高精度检验和划线专用工具）平面平行并读数，然后将工件转 180°，用百分表检测塞块 *B* 面与平板平面平行并读数，两次读数差值的一半，即为键槽对称度误差。

4）键槽的长度和轴向位置检测。测量键槽的长度和轴向位置可用钢直尺或游标卡尺。

5）表面粗糙度检测。表面粗糙度检测应注意选择对应的表面粗糙度比较样块，也可用表面粗糙度检测仪进行检测。若需要具体的数值，则用表面粗糙度检测仪；若只是大概地评判，就可用表面粗糙度比较样块来对比。也可用探针检测，即在金属表面取一定长度的距离（10 mm），用探针沿直线测其表面的凹凸深度，最后取平均值。

二、填写工序卡

1．用键槽铣刀加工轴上键槽，查阅技术手册或询问班组长等技术人员，试确定主轴转速及进给速度。

已知铣刀的直径为 12 mm，刀具的齿数 z=4。

由于所加工零件的材料为合金钢，铣削性质为粗、精铣，根据技术手册选取每齿进给量的推荐值为 0.10 mm/ 齿；又根据技术手册的推荐值及铣刀耐用度等综合考虑，铣削速度可选取为 8 m/min。

$$n=\frac{1\,000\,v}{\pi d}=\left(\frac{1\,000\times 8}{3.14\times 12}\right)\text{r/min}\approx 212.3\ \text{r/min}$$

根据机床铭牌上的数值，主轴转速应调整到 200 r/min，精加工时可略高。

$$v_{\mathrm{f}}=f_z zn=(0.1\times 4\times 200)\ \text{mm/min}=80\ \text{mm/min}$$

根据机床铭牌上的数值，进给量应调整到 80 mm/min，精加工时可更小。

2．填写表 3-6 拨杆轴加工中铣削工序的工序卡。

表 3-6

拨杆轴加工工序卡

拨杆轴加工工序卡	产品型号		零件图号					
	产品名称		零件名称	拨杆轴	共	页	第	页

	车间	工序号	工序名称	材料牌号	
				40Cr	
	毛坯种类	毛坯外形尺寸	每毛坯可制件数	每台件数	
	棒料	ϕ37 mm × 184 mm	1		
	设备名称	设备型号	设备编号	同时加工件数	
	夹具编号		夹具名称	切削液	
			平口钳	乳化液	
	工位器具编号		工位器具名称	工序工时（分）	
				准终	单件

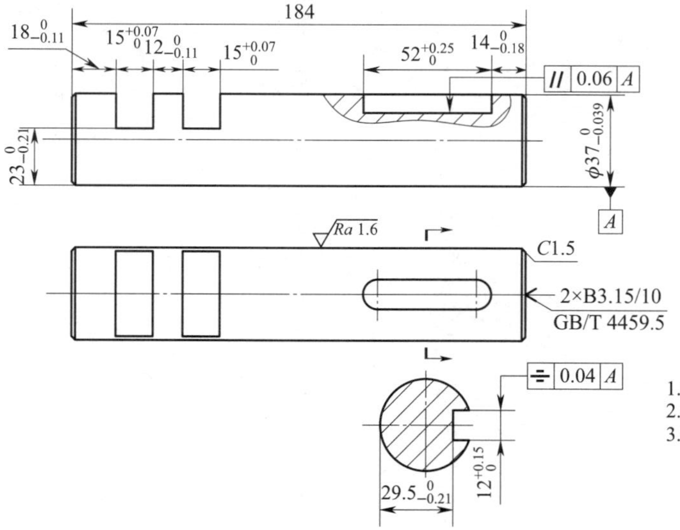

技术要求

1.调质后硬度为230~260HBW。
2.锐边去毛刺。
3.线性尺寸未注公差按GB/T 1804—m。

Ra 3.2 （√）

工步号	工步内容	工艺装备	主轴转速 /（r · min^{-1}）	切削速度 /（m · min^{-1}）	进给量 /（mm · min^{-1}）	切削深度 /mm	进给次数	工步工时 机动	工步工时 辅助
1	车拨杆轴	略	略	略	略	略	略		
2	铣沟槽	平口钳、直角尺	200	8	80	0.5 ~ 2	多次		
3	铣键槽	平口钳、直角尺	200	8	80	0.5 ~ 2	多次		
				设计（日期）	校对（日期）	审核（日期）	标准化（日期）	会签（日期）	

学习活动3　拨杆轴的加工

学习目标

1. 能按零件图样要求，测量毛坯外形尺寸，判断毛坯是否有足够的加工余量。

2. 能规范使用分度头装夹工件并校正。

3. 能规范装夹刀具，确保刀具安全性，并根据加工要求，运用适当对刀方法，正确对刀。

4. 在拨杆轴加工过程中，能严格按照铣床操作规程操作铣床，按工步铣削；根据切削状态调整切削用量，保证正常切削；适时检测，保证精度。

5. 能在加工完毕后，按照图样要求进行自检。

6. 能按车间现场管理规定正确放置零件。

7. 能按产品工艺流程和车间要求，进行产品交接并确认。

8. 能按车间规定以及“6S”管理要求，整理现场，保养机床。

9. 能按车间规定填写交接班记录。

10. 能按国家环保相关规定和车间要求，正确处置废油液等废弃物。

建议学时：30学时。

学习过程

一、填写领料单（表 3–7）并领取材料

建议：重点在于学生能否规范填写并执行该表单，领取材料是工作流程中的必备环节，应注重培养学生养成良好的习惯。

表 3–7　　领料单

填表日期：　　年　　月　　日

领料部门		审核部门				
领料人		审核人				
材料名称	材料规格及型号	数量		单位	单价	总价
		请领	实发			

发料人：　　　　发料日期：　　年　　月　　日

二、填写工量具清单（表 3–8）并领取工量具

建议：领取工量具的同时要求学生对拨杆轴的加工进行梳理和总结，确保所领取的工量具可完成加工任务，同时引导学生拓展学习其他相关工量刃具。

表 3–8　　工量具清单

序号	工量具名称	规格	数量	需领用

三、进行加工

在实训场地按照表 3–9 操作过程的提示，完成拨杆轴的加工。

建议：

1. 教师巡回指导，纠正学生的不规范操作。

2. 锻炼学生独立制定加工步骤与加工方法。

3. 通过拨杆轴加工，检查学生平面、沟槽等铣削技能的掌握情况。

4. 指导学生正确加工拨杆轴中的轴上沟槽与键槽等。

5. 做好考核工作安排，指派专人担任安全文明生产管理员、质量控制员等，强调安全及考核标准，做好时间控制。

表 3-9　操作过程

操作步骤		操作要点
1. 加工前准备工作		按操作规程，加工零件前首先要检查各手柄的原始位置是否正常及各进给方向的停止挡铁是否在限位柱范围内，是否牢靠，然后完成机床润滑、预热等准备工作
2. 铣削轴上沟槽	（1）计算刀具直径和切削参数，安装刀具	1）计算刀具直径。刀具直径 d 小于槽宽 b（15 mm），取 ϕ12 ~ 14 mm 选择直径为 ϕ12 ~ 14 mm 的立铣刀或键槽铣刀，ϕ12 mm 铣刀比较常用，可优先选用 2）根据铣刀尺寸标准选用 ϕ12 mm 的铣刀。根据高速钢铣刀切削合金钢的切削速度要求，将主轴转速选择为 $n=\frac{1\,000v}{\pi d}=\left(\frac{1\,000\times 20}{3.14\times 12}\right)$ r/min ≈ 531 r/min 取 500 r/min。根据三面刃铣刀每齿进给量和主轴转速，将工作台进给量选择为 $v_f=f_z zn=$（0.05 × 2 × 500）mm/min=500 mm/min，取 43 mm/min，实际切削中根据深度的不同通过实际加工经验相应加减进给速度 3）将选择好的铣刀安装到铣床上，并调整主轴转速至所选转速，进给量调至所选数值。注意：安装铣刀和变速时要严格按照操作规程进行，以免发生事故
	（2）安装、校正平口钳	1）将平口钳安装在铣床工作台上。用百分表校正平口钳固定钳口与工作台面垂直，与工作台纵向进给方向平行 2）装夹、校正工件。将工件直接放在平口钳中，采用下面垫 V 形垫块的形式夹紧工件。用木锤轻轻敲击工件，确保下面 V 形垫铁不动后，用百分表检查工件的上母线、侧母线及外圆跳动情况。注意：夹紧工件时要适当用力，防止未夹紧或夹伤工件 用木锤轻轻敲击　　用百分表检测上母线
	（3）用立铣刀铣削轴上沟槽	1）调整铣床主轴转速和工作台进给速度。调整横向工作台，采用贴纸法使铣刀与工件端面上的薄纸轻轻相擦，退刀后，将工件进给一个槽距距离加 0.5 mm 精加工余量（18 mm+0.5 mm=18.5 mm），并紧固横向工作台 2）试铣并检测槽距是否合格。经检测合格后，加注切削液，分层铣削沟槽深度至要求（沟槽底面至工件下面的母线距离 23 mm） 3）垂直方向不动，精铣沟槽左侧面，控制侧面至工件左端面距离 18 mm 至尺寸

续表

<table>
<tr><th colspan="2">操作步骤</th><th>操作要点</th></tr>
<tr><td>2. 铣削轴上沟槽</td><td>（3）用立铣刀铣削轴上沟槽</td><td>4）垂直方向不动，移动工件纵向向左，铣削沟槽右侧面，控制槽宽 15 mm 至尺寸
5）停车、横向退刀，检查沟槽是否符合要求，去毛刺
6）采用相同方法，以第一个沟槽为基准铣削第二个沟槽（提示：如果在铣削第一个沟槽时记住铣削沟槽三个面时的各方向手柄刻度值，在铣削第二个沟槽时，只需在纵向增加一个槽距尺寸，这些刻度可作为粗加工时的参考，从而减少测量次数，提高加工效率）
7）停车、横向退刀，检查所铣沟槽是否符合要求，去毛刺 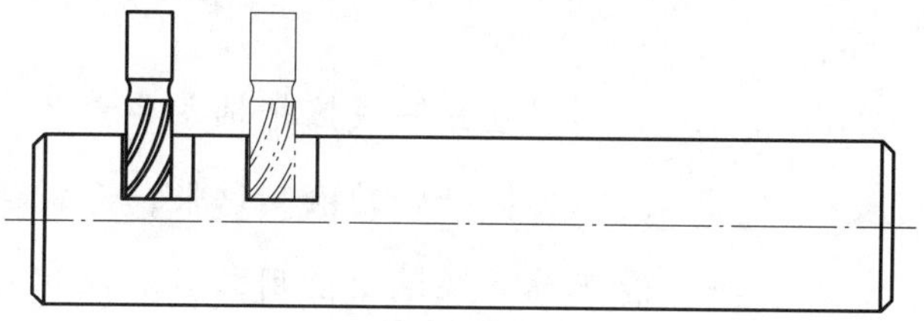
铣削轴上沟槽</td></tr>
<tr><td colspan="2">3. 铣削轴上键槽</td><td>1）根据键槽宽度尺寸，选择 ϕ10 mm 的键槽铣刀进行粗铣，ϕ12 mm 的键槽铣刀进行精铣
将主轴转速选择为
$$n=\frac{1\,000v}{\pi d}=\left(\frac{1\,000\times15}{3.14\times10}\right)\text{r/min}\approx478\text{ r/min}$$
取 475 r/min。根据键槽铣刀每齿进给量和主轴转速，将工作台进给量选择为 $v_f=f_zzn=$（0.05 × 2 × 475）mm/min=47.5 mm/min，取 47.5 mm/min，实际切削中根据深度的不同通过实际加工经验相应加减进给速度
将主轴转速选择为
$$n=\frac{1\,000v}{\pi d}=\left(\frac{1\,000\times15}{3.14\times12}\right)\text{r/min}\approx398\text{ r/min}$$
取 375 r/min。根据键槽铣刀每齿进给量和主轴转速，将工作台进给量选择为 $v_f=f_zzn=$（0.05 × 2 × 375）mm/min=37.5 mm/min，取 37.5 mm/min，实际切削中根据深度的不同通过实际加工经验相应加减进给速度
2）用百分表调整横向工作台使铣床主轴轴线对准工件的中心，并紧固横向工作台。安装弹簧夹头及 ϕ10 mm 的键槽铣刀。调整铣床主轴转速
3）调整铣床工作台，工件端面对刀并移距使铣刀中心距端面 10 mm。上升工作台对刀，继续上升工作台并观察铣刀切痕，确定铣刀对准中心后，加注切削液，采用分层铣削法粗铣 12 mm × 52 mm 键槽至 10 mm × 50 mm，控制键槽深度至 14 mm
4）下降工作台，换上 ϕ12 mm 的键槽铣刀，并调整铣床转速。上升工作台对刀，加注切削液，升降铣床工作台进给切削，控制键槽深度至要求。匀速进给纵向工作台将键槽到工件右端面的距离 14 mm 和长度 52 mm 加工至要求
5）停车、退刀，检查所铣键槽是否符合要求，合格后，卸下工件，去毛刺。综合检查键槽尺寸、对称度等</td></tr>
<tr><td colspan="2">4. 加工后整理工作</td><td>加工完毕后，按照图样要求进行自检，正确放置零件，并进行产品交接确认；按照国家环保相关规定和车间要求，整理现场，正确处置废油液等废弃物；按车间规定填写交接班记录和设备日常保养记录卡</td></tr>
</table>

学习活动 4　拨杆轴的测量及误差分析

学习目标

1. 能利用量具完成拨杆轴各要素的直接和间接测量。

2. 能根据拨杆轴的检测结果，分析误差产生的原因。

3. 能正确、规范地使用工量具对拨杆轴进行检测，并准确记录测量结果。

4. 能根据检测结果正确填写检验报告单，分析加工误差出现的原因。

5. 能按检验室管理要求及工量具维护标准，正确维护与放置检验工量具。

建议学时：10 学时。

学习过程

一、检测工件

对工件进行检测，并将结果填写在表 3–10 中。

建议：

1. 指导学生使用游标卡尺、外径千分尺、游标高度卡尺、百分表等检测工件，锻炼学生测量沟槽尺寸、位置精度、表面质量等的方法与技能。

2. 检测记录一栏中应记录实际数值，便于教师检查和学生进行自我分析与总结。

3. 若职业素养中的项目被扣分，应要求学生整改到位后再开始工作。

表 3–10　检测评价单

序号	名称	配分	项目与技术要求	评分标准	检测记录	得分
1	主要尺寸（47 分）	10	$18^{0}_{-0.11}$ mm	超差不得分		
2		10	$12^{0}_{-0.11}$ mm	超差不得分		

续表

序号	名称	配分	项目与技术要求	评分标准	检测记录	得分
3	主要尺寸（47 分）	16	$15^{+0.07}_{0}$ mm（2 处）	超差不得分		
4		6	对称度 0.04 mm	超差不得分		
5		5	平行度 0.06 mm	超差不得分		
6	次要尺寸（28 分）	6	$23^{0}_{-0.21}$ mm	超差不得分		
7		6	$12^{+0.15}_{0}$ mm	超差不得分		
8		6	$29.5^{0}_{-0.21}$ mm	超差不得分		
9		6	$14^{0}_{-0.18}$ mm	超差不得分		
10		4	$52^{+0.25}_{0}$ mm	超差不得分		
11	表面粗糙度（10 分）	10	*Ra*3.2 μm（10 处）	降级不得分		
12	主观评分（10 分）	3.5	已加工零件倒角、倒圆、倒钝、去毛刺是否符合图样要求			
13		3.5	已加工零件是否有划伤、碰伤和夹伤			
14		3	已加工零件与图样要求的一致性以及其余表面粗糙度			
15	更换添加毛坯（5 分）	5	是否更换添加毛坯		是 / 否	
16	职业素养	扣分	能正确穿戴工作服、工作鞋、安全帽和护目镜等劳动防护用品。每违反一项，扣 2 分			
17			能规范使用设备、工具、量具和辅具。每违规操作一次扣 2 分			
18			能做好设备清洁、保养工作。不清洁、不保养扣 3 分，清洁保养不彻底扣 2 分			
总分			100		得分	

二、误差分析

根据检测结果进行误差分析，将分析结果填写在表 3–11 中。

建议：

1. 培养学生分析外形尺寸误差、几何精度误差和表面粗糙度误差的产生原因与修正措施。
2. 培养学生掌握分析误差产生原因的方法，引导学生总结误差修正措施，使学生养成良好的学习习惯。

表 3–11 误差分析表

测量内容		零件名称	
测量工具和仪器		测量人员	
班级		日期	

质量问题	产生原因	修正措施
外形尺寸误差		
几何精度误差		
表面粗糙度误差		
其他误差		

结论（误差分析）：

三、清理现场、归置物品

完成拨杆轴的制作后，按照“6S”现场管理规范要求，保养工量具、清理现场、合理归置物品。

建议：教师应设立专门的安全文明生产管理员，随时检查，让学生养成良好的文明生产习惯，提高工作效率和加工质量。

学习活动 5　工作总结与评价

学习目标

1. 能按照能力评价表完成自评，通过交流讨论等方式较全面地对学习与工作情况进行总结。

2. 能按分组情况派代表积极、自信地展示零件加工成果，使用专业术语讲述本次任务的完成情况，并做分析总结。

3. 能与班组长、工具管理员等相关人员进行有效的沟通与合作，理解有效沟通和团队合作的重要性。

4. 能认真倾听他人的展示汇报，并接受其他小组的点评意见。

5. 能反思总结工作经验，提出改进措施，优化加工策略。

建议学时：5 学时。

学习过程

一、个人总结与评价

由个人填写表 3–12，对本次任务进行总结与评价。

建议：

1. 填写个人评价表，总结本次任务中轴上沟槽的铣削、轴上键槽的铣削、位置精度控制和表面质量控制等知识与技能的掌握情况，给出准确的评价。

2. 评分时可分好、中、差三档分数段，便于学生根据实际情况合理评分。

表 3–12　个人评价表

序号	评价内容	配分	得分	总结个人在本次任务中掌握的知识与技能
1	能明确车间和工作区范围及限制	10		
2	能规范执行机加工车间安全防护规定	10		
3	能正确阅读生产任务单与零件图	10		

续表

序号	评价内容	配分	得分	总结个人在本次任务中掌握的知识与技能
4	能根据需要准确查阅相关资料	10		
5	能结合任务需求做好工艺与操作准备	10		
6	能熟练、规范操作铣床	10		
7	能在规定时间内完成产品的加工	10		
8	能正确检测产品的各项精度要求	10		
9	能严格执行现场“6S”管理要求	10		
10	能规范完成产品送检及交接班工作	10		
总分		100		

二、小组总结与评价

由各小组组长负责记录工作过程情况，并组织小组讨论确定各成员的学习与工作情况，填写表 3–13，完成小组总结与评价。

建议：

1. 学生通过在小组中展示、汇报等环节对自我学习情况进行分析与总结。

2. 小组讨论确定各成员的学习情况，小组评价表由组内成员互相交换填写，组长负责记录。

3. 针对个人解决问题的能力与沟通协作能力做简要的文字总结，并对各成员在小组学习中做出的贡献给予准确的评价。

表 3–13 小组评价表

序号	评价内容	配分	得分	总结个人在小组中参与的工作
1	能合作完成教师布置的任务和作业	10		
2	能认真听教师讲课，听同学发言	10		
3	能积极参与讨论，与他人良好合作	10		
4	能合作查阅相关资料，形成意见文本	10		
5	能积极地就疑难问题向同学和教师请教	10		
6	能积极参与合作分工，并指出同学在操作中的不规范行为	10		
7	能规范操作机床进行产品加工，并及时记录（小组）加工过程	10		
8	能通过正确的加工与检测，与同学一起分析并控制产品质量	10		
9	能与同学按车间管理要求，规范摆放工量刀具，整理清扫现场	10		
10	能通过记录、讨论等活动，总结反思任务实施中出现的问题，提出解决方法，积累工作经验	10		
总分		100		

三、教师总结与评价

由教师组织各小组进行汇报与交流，对整个学习环节中的成绩与问题进行总结，对学习与工作情况进行评价，并填写表 3–14。

建议：

1. 教师组织各小组进行汇报、交流，并对班级整体学习与工作情况进行总结与评价。
2. 总结问题，表扬优秀案例，对突出的典型问题和安全事项给出标准答案。
3. 引导学生树立正确的劳动价值观。
4. 布置课后作业，明确课后任务要求。

表 3–14　　教师评价表

序列	评价内容	配分	得分	教师点评
1	遵守学校各项规章制度情况	10		
2	文明生产习惯的养成情况	10		
3	查找资源、工量刃具的选择、工艺分析等学习与工作的准备能力	10		
4	安全、有效地选择和使用合适的机床，并完成产品加工	10		
5	学习与工作中发现与解决问题的能力	10		
6	学习与工作的执行能力（是否按照工作页流程实施）	10		
7	学习与工作时的组织能力	10		
8	协助或帮助小组成员完成任务情况	10		
9	对任务完成情况的总结与表达能力	10		
10	现场“6S”管理意识的养成情况	10		
总分		100		

任课教师：　　　年　　月　　日

四、总评

汇总前面学习活动的检测评价单以及个人评价表、小组评价表、教师评价表的得分，按照权重计算实际得分，填写在表 3–15 中。

表 3-15　　总评表

内容	得分	权重	加权得分
检测评价		40%	
个人评价		20%	
小组评价		20%	
教师评价		20%	
总分			

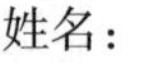

姓名：　　年　月　日

任务拓展

一、工作情境描述

某企业需要制作 30 件如图 3-8 所示限位轴，毛坯为 ϕ30 mm×72 mm 棒料，材料为 45 钢。生产技术部将该项生产任务安排给铣工组，限位轴表面要求光洁、美观，无毛刺。

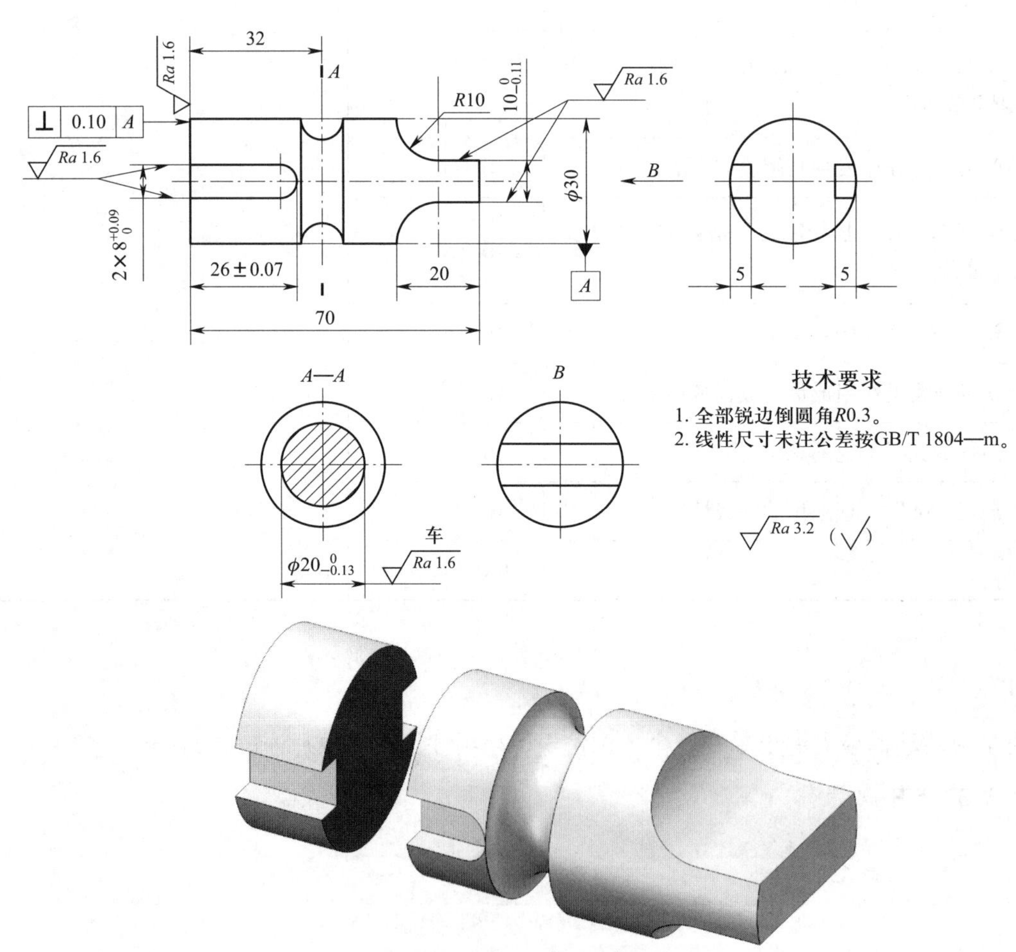

图 3-8　限位轴

二、评分标准

按表 3–16 中项目和技术要求检测限位轴尺寸是否合格。

表 3–16　　检测评价单

序号	名称	配分	项目与技术要求	评分标准	检测记录	得分
1	主要尺寸（61 分）	9	（26 ± 0.07）mm	超差不得分		
2		10	$2 \times 8^{+0.09}_{0}$ mm	超差不得分		
3		10	$10^{0}_{-0.11}$ mm	超差不得分		
4		10	$R10$ mm（2 处）	超差不得分		
5		10	20 mm（2 处）	超差不得分		
6		12	垂直度 0.10 mm	超差不得分		
7	次要尺寸（16 分）	4	70 mm	超差不得分		
8		4	32 mm	超差不得分		
9		8	5 mm（2 处）	超差不得分		
10	表面粗糙度（8 分）	6	Ra 1.6 μm（6 处）	降级不得分		
11		2	Ra 3.2 μm（2 处）	降级不得分		
12	主观评分（10 分）	3.5	已加工零件倒角、倒圆、倒钝、去毛刺是否符合图样要求			
13		3.5	已加工零件是否有划伤、碰伤和夹伤			
14		3	已加工零件与图样要求的一致性以及其余表面粗糙度			
15	更换添加毛坯（5 分）	5	是否更换添加毛坯		是 / 否	
16	职业素养	扣分	能正确穿戴工作服、工作鞋、安全帽和护目镜等劳动防护用品。每违反一项扣 2 分			
17			能规范使用设备、工具、量具和辅具。每违规操作一次扣 2 分			
18			能做好设备清洁、保养工作。不清洁、不保养扣 3 分，清洁保养不彻底扣 2 分			
总分			100	得分		

世赛知识

铣削在世赛原型制作项目中的应用

原型制作项目是根据给定的原型设计图样，运用三维 CAD 软件进行原型三维建模与局部自由设计，使用三维激光扫描仪和逆向建模软件对给定的产品零件进行扫描和逆向设计，建立三维模型，并按要求生成工程图，选手根据自己设计的图样使用指定的材料运用普通车削、普通铣削、数控铣削、3D 打印、手工等工艺方法制作模型，并对模型进行表面处理以及喷涂装饰的竞赛项目。

原型制作项目比赛共设置原型设计建模、原型工程图、原型制作、原型装饰 4 个模块，该竞赛项目需要选手能使用三维激光扫描仪和逆向建模软件对给定的产品零件进行扫描和逆向设计，建立三维模型，再按题目要求色彩数对三维模型进行自由着色；根据自建的原型三维模型，对照给定图样的视图、尺寸标注、技术要求等生成工程图；使用锯床、普通车床、普通铣床、砂光机、钻床、数控铣床、3D 打印机等设备和手工工具来制作模型，并对零件进行表面打磨、粘接和组装；完善原型模型的表面，对模型表面进行修补、打磨等后处理，使用手喷漆罐对模型进行喷漆上色，并选用合适的贴纸来装饰原型模型。原型制作项目属于技能复合程度较高的竞赛项目。

铣削是原型制作项目中的基本考核技能，参赛选手需要应用铣削技能，在竞赛中结合其他加工技能完成原型的制作加工，如铣平面、铣斜面、铣台阶、铣沟槽、铣成形面、孔加工等操作。图 3–9 所示为第 45 届世界技能大赛该项目试题（水下摄影机）。

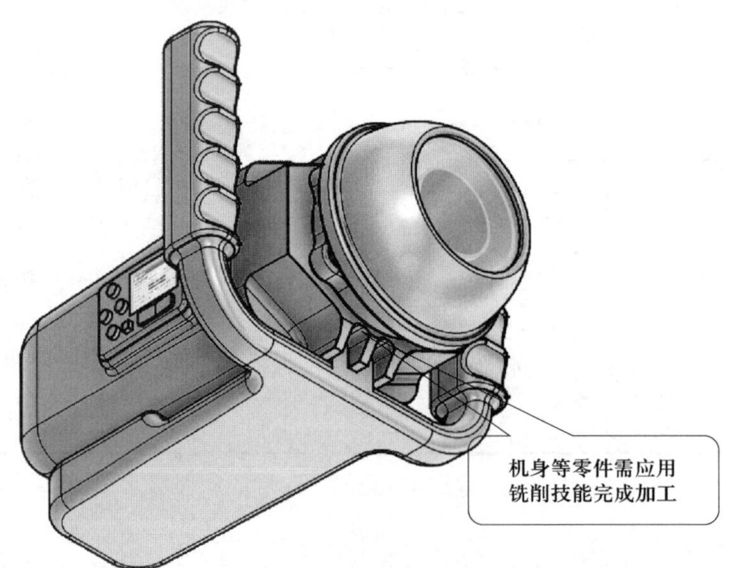

图 3–9　第 45 届世界技能大赛试题（水下摄影机）

学习任务四　压板的铣削

学习目标

1. 能独立阅读生产任务单，明确工时、加工数量等要求，说出所加工零件的用途、功能和分类。

2. 能识读图样和工艺卡，查阅技术手册并进行计算，明确加工技术要求和加工工艺。

3. 能利用多种方法及刀具加工斜面。

4. 在加工过程中，能严格按照铣床操作规程操作铣床，按工步铣削工件；根据切削状态调整切削用量，保证正常切削；适时检测，保证精度。

5. 能对加工误差进行分析，并通过调整机床提高加工精度。

6. 能按产品工艺流程和车间现场管理规定进行产品交接并正确放置零件。

7. 能在作业过程中严格执行企业操作规范、安全生产制度、环保管理制度以及“6S”管理规定，严格遵守从业人员的职业道德，具有吃苦耐劳、爱岗敬业的工作态度和职业责任感。

8. 能与班组长、工具管理员等相关人员进行有效的沟通与合作，理解有效沟通和团队合作的重要性。

9. 能主动获取有效信息，展示工作成果，对学习与工作进行总结及反思。

建议学时

120 学时。

工作情境描述

某企业接到一批压板（图 4–1）加工订单，材料为 45 钢，生产主管计划用普通铣床进行加工。该零件用于在工作台上压紧零件，外形为长方体，一端有斜面，中间有 U 形槽，外形尺寸精度为 IT10 ~ IT8 级，未注公差尺寸精度取中等 m 级，表面粗糙度为 *Ra*6.3 ~ 1.6 μm。

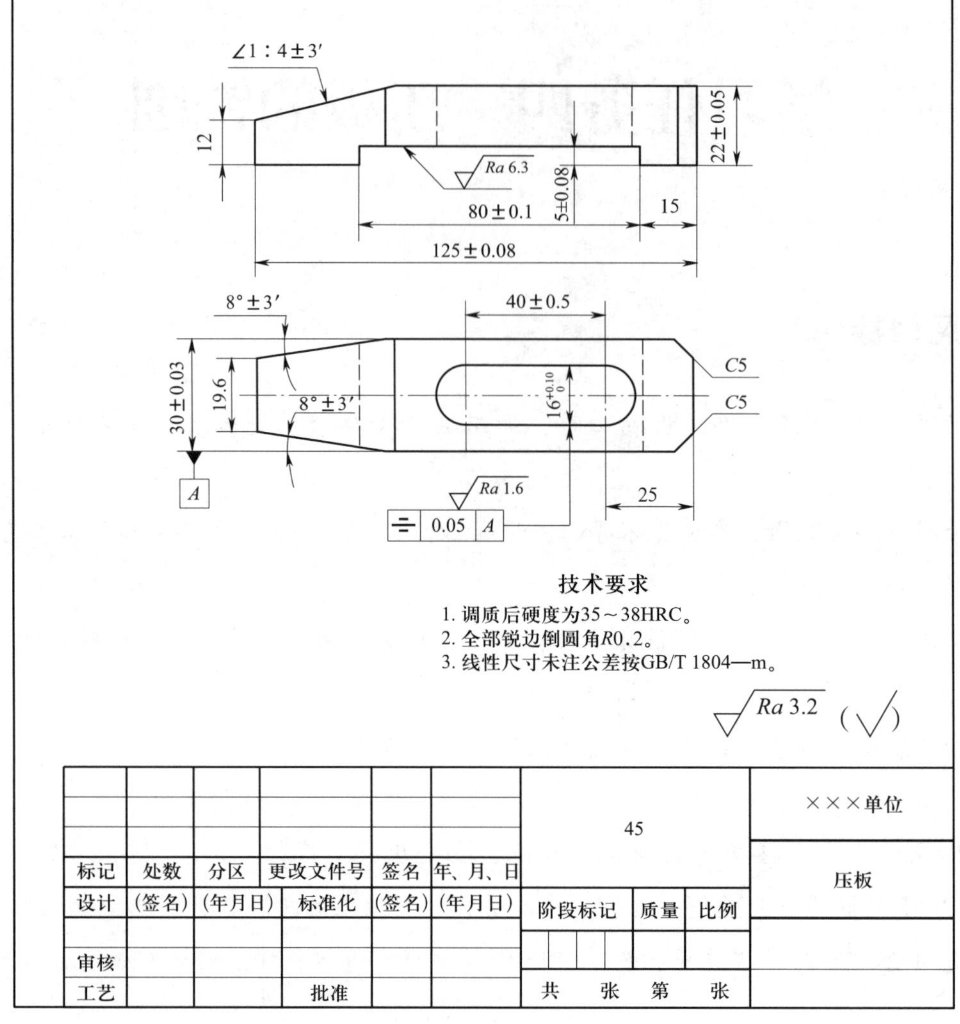

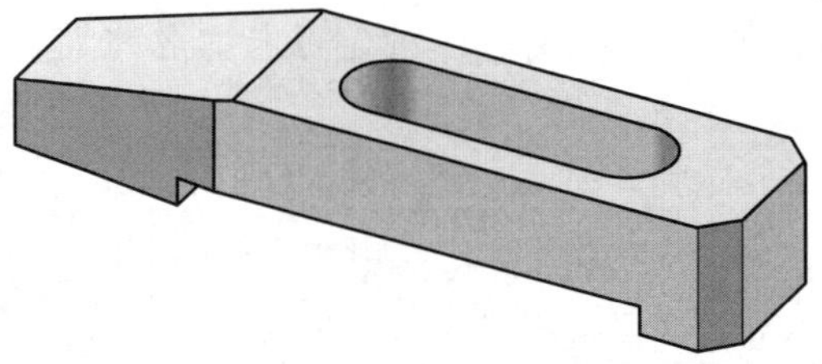

图 4-1 压板

工作流程与活动

1．领取工作任务，明确加工内容（10 学时）

2．制定压板的加工工艺（30 学时）

3．压板的加工（50 学时）

4．压板的测量及误差分析（20 学时）

5．工作总结与评价（10 学时）

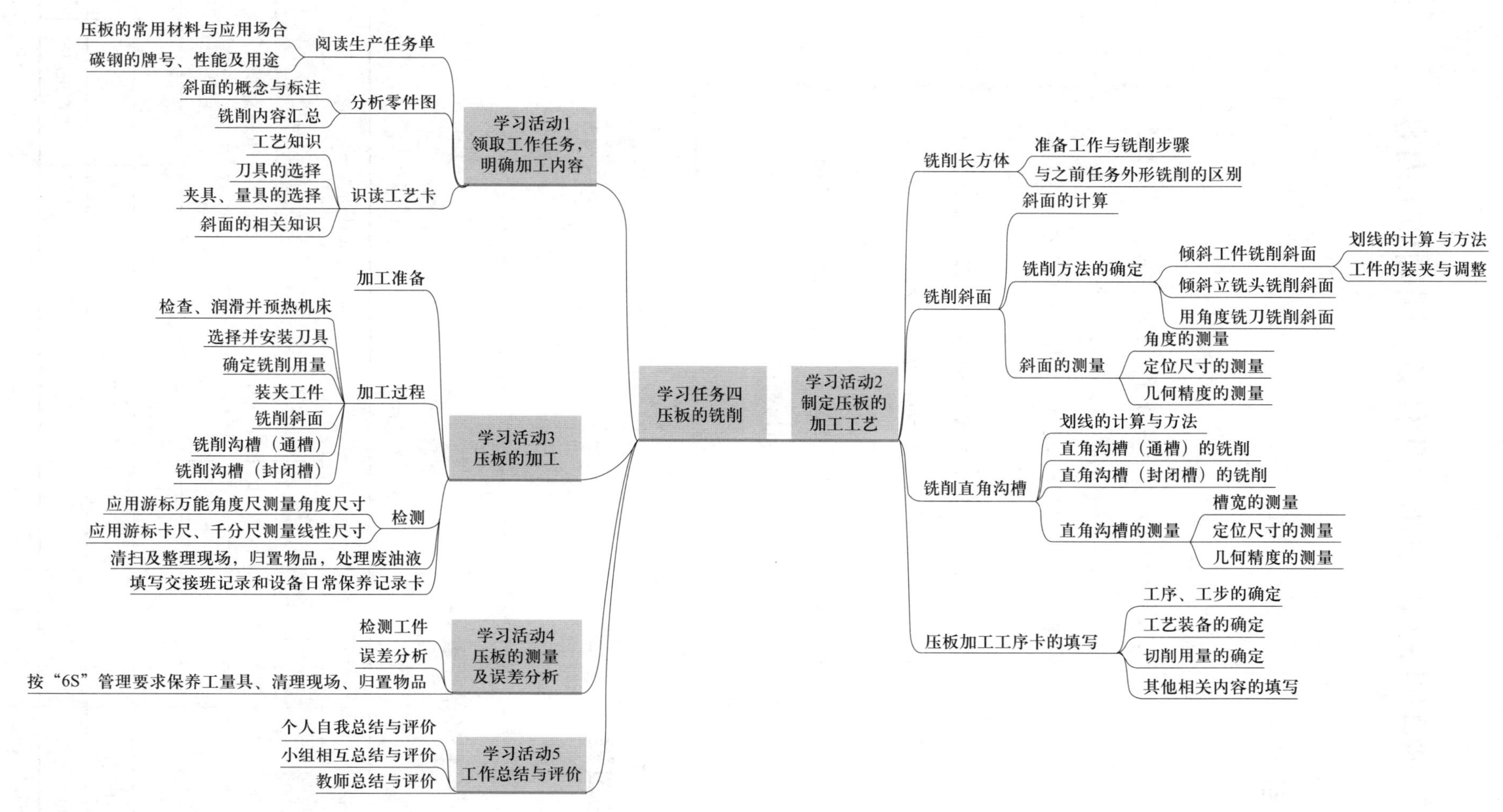
学习任务四
压板的铣削
学习活动1
领取工作任务，
明确加工内容
阅读生产任务单
压板的常用材料与应用场合
碳钢的牌号、性能及用途
分析零件图
斜面的概念与标注
铣削内容汇总
识读工艺卡
工艺知识
刀具的选择
夹具、量具的选择
斜面的相关知识
学习活动2
制定压板的
加工工艺
铣削长方体
准备工作与铣削步骤
与之前任务外形铣削的区别
铣削斜面
斜面的计算
铣削方法的确定
倾斜工件铣削斜面
划线的计算与方法
工件的装夹与调整
倾斜立铣头铣削斜面
用角度铣刀铣削斜面
斜面的测量
角度的测量
定位尺寸的测量
几何精度的测量
铣削直角沟槽
划线的计算与方法
直角沟槽（通槽）的铣削
直角沟槽（封闭槽）的铣削
直角沟槽的测量
槽宽的测量
定位尺寸的测量
几何精度的测量
压板加工工序卡的填写
工序、工步的确定
工艺装备的确定
切削用量的确定
其他相关内容的填写
学习活动3
压板的加工
加工准备
加工过程
检查、润滑并预热机床
选择并安装刀具
确定铣削用量
装夹工件
铣削斜面
铣削沟槽（通槽）
铣削沟槽（封闭槽）
检测
应用游标万能角度尺测量角度尺寸
应用游标卡尺、千分尺测量线性尺寸
清扫及整理现场，归置物品，处理废油液
填写交接班记录和设备日常保养记录卡
学习活动4
压板的测量
及误差分析
检测工件
误差分析
按“6S”管理要求保养工量具、清理现场、归置物品
学习活动5
工作总结与评价
个人自我总结与评价
小组相互总结与评价
教师总结与评价

学习活动1　领取工作任务，明确加工内容

学习目标

1. 能独立阅读压板生产任务单，明确工时、加工数量等要求，说出所加工零件的用途、功能和分类。

2. 能识读压板图样和工艺卡，明确加工技术要求和加工工艺。

3. 能通过查询技术手册或咨询班组长等专业技术人员，正确选择面铣刀、立铣刀和键槽铣刀的规格，确定切削用量。

4. 能根据现场条件并结合技术手册，确定符合加工技术要求的工具、量具、夹具和切削液。

建议学时：10学时。

学习过程

领取压板的生产任务单、零件图样、工艺卡，明确本次加工任务的内容。

一、阅读生产任务单（表4–1）

表4–1　生产任务单

<table>
<tr><td colspan="2">需方单位名称</td><td colspan="2">×××企业</td><td>完成日期</td><td colspan="2">年　月　日</td></tr>
<tr><td>序号</td><td>产品名称</td><td>材料</td><td>数量</td><td colspan="3">技术标准、质量要求</td></tr>
<tr><td>1</td><td>压板</td><td>45钢</td><td>50件</td><td colspan="3">按图样要求</td></tr>
<tr><td>2</td><td></td><td></td><td></td><td colspan="3"></td></tr>
<tr><td colspan="2">生产批准时间</td><td>年　月　日</td><td>批准人</td><td></td><td></td><td></td></tr>
<tr><td colspan="2">通知任务时间</td><td>年　月　日</td><td>发单人</td><td></td><td></td><td></td></tr>
<tr><td colspan="2">接单时间</td><td>年　月　日</td><td>接单人</td><td></td><td>生产班组</td><td>铣工组</td></tr>
</table>

图 4–2 所示为常见的压板零件，查阅技术手册或咨询班组长等专业技术人员，写出压板常用哪些材料制造，适用于哪些场合。

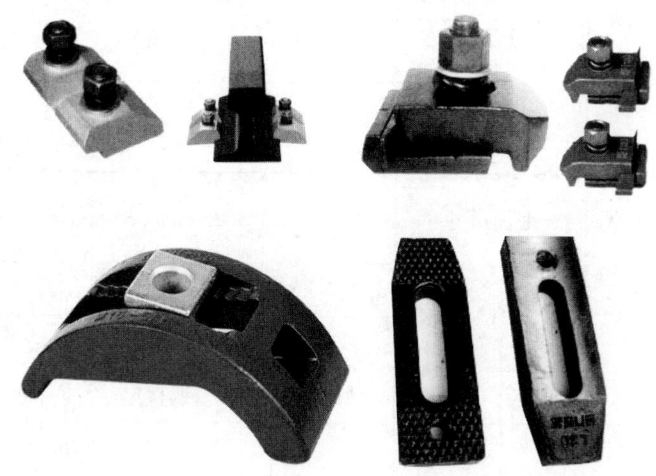

图 4–2　压板

压板常用铸铁、锻钢、铝合金等材料制造。主要用于尺寸较大或形状比较复杂，通用夹具无法装夹的零件夹紧，经常配合垫块、千斤顶等工具一起使用。

二、分析零件图（图 4–1）

1. 斜面是指工件上相对基准平面倾斜的平面，即与基准平面相交成所需角度的平面。该零件图斜面是如何标注的？

（1）用斜度∠ 1∶4 ± 3′。

（2）直接标注斜面倾斜角度 8° ± 3′。

（3）标注倒角 C5 mm。

2. 结合图样分析，写出零件的铣削加工内容。

铣削加工内容包括长方体（平面、垂直面、平行面）、直角沟槽（通槽、封闭槽）、斜面与倒角。

三、识读工艺卡（表 4–2）

表 4–2　　压板加工工艺卡

<table>
<tr><td colspan="2" rowspan="2">单位名称</td><td rowspan="2"></td><td>产品名称</td><td colspan="2">压板</td><td colspan="3">图号</td><td colspan="2"></td></tr>
<tr><td>零件名称</td><td colspan="2">压板</td><td colspan="3">数量</td><td>50</td><td>第 1 页</td></tr>
<tr><td>材料种类</td><td>板料</td><td>材料牌号</td><td>45 钢</td><td colspan="2">毛坯尺寸</td><td colspan="4">25 mm × 35 mm × 130 mm</td><td>共 1 页</td></tr>
<tr><td rowspan="2">工序号</td><td colspan="3" rowspan="2">工序内容</td><td rowspan="2">车间</td><td rowspan="2">设备</td><td colspan="3">工具</td><td rowspan="2">计划工时</td><td rowspan="2">实际工时</td></tr>
<tr><td>夹具</td><td>量具</td><td>刃具</td></tr>
<tr><td>1</td><td colspan="3">下料</td><td>准备</td><td>锯床</td><td>平口钳</td><td>钢直尺</td><td>锯条</td><td></td><td></td></tr>
<tr><td>2</td><td colspan="3">铣压板</td><td>金工</td><td>X5032 型铣床</td><td>平口钳</td><td>游标卡尺、直角尺、千分尺、游标万能角度尺、塞尺、塞规</td><td>面铣刀、麻花钻、立铣刀</td><td></td><td></td></tr>
<tr><td>3</td><td colspan="3">去毛刺</td><td>金工</td><td></td><td>平口钳</td><td></td><td>锉刀</td><td></td><td></td></tr>
<tr><td colspan="2">更改号</td><td colspan="2"></td><td colspan="2">拟定</td><td>校正</td><td colspan="2">审核</td><td colspan="2">批准</td></tr>
<tr><td colspan="2">更改者</td><td colspan="2"></td><td colspan="2"></td><td></td><td colspan="2"></td><td colspan="2"></td></tr>
<tr><td colspan="2">日期</td><td colspan="2"></td><td colspan="2"></td><td></td><td colspan="2"></td><td colspan="2"></td></tr>
</table>

从工艺卡中可以看出，本次加工中检测时要到游标万能角度尺。

1．如图 4–3 所示为游标万能角度尺的组成部分，写出各数字对应的结构名称。

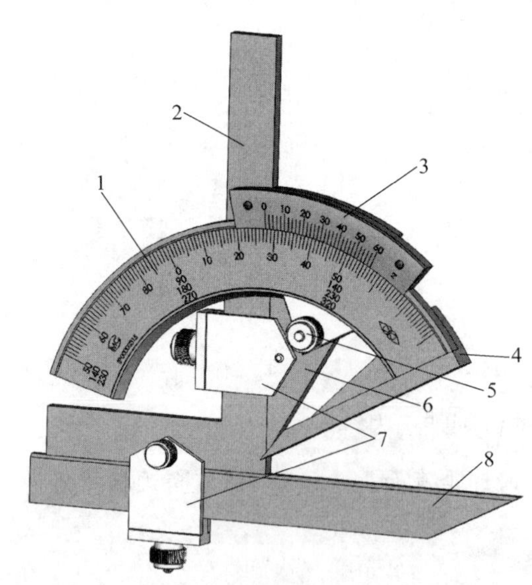

图 4–3　游标万能角度尺

1—主尺；2—直角尺；3—游标；4—基尺；5—捏手；6—扇形板；7—固定块；8—直尺。

2．游标万能角度尺的测量精度有哪两种？如图 4–4 所示，查阅资料叙述其刻线原理。

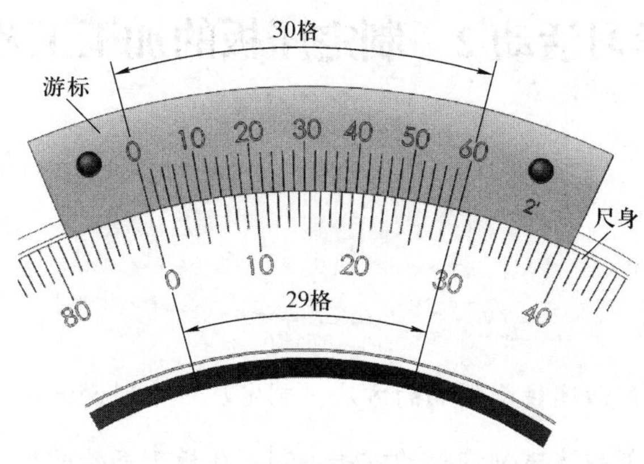

图 4–4　2′游标万能角度尺的刻线原理

游标万能角度尺的精度有 2′和 5′两种。尺身刻线每格为 1°，游标刻线共 30 格，共 29°，即每格为 29° /30，与尺身 1 格相差 2′，游标万能角度尺的分度值为 2′。

3．斜面角度不同，测量时应根据斜面的角度调整游标万能角度尺的组件，以适应角度的测量，写出如图 4–5 所示各段的测量范围，并写出每个测量段都使用了哪些组件。

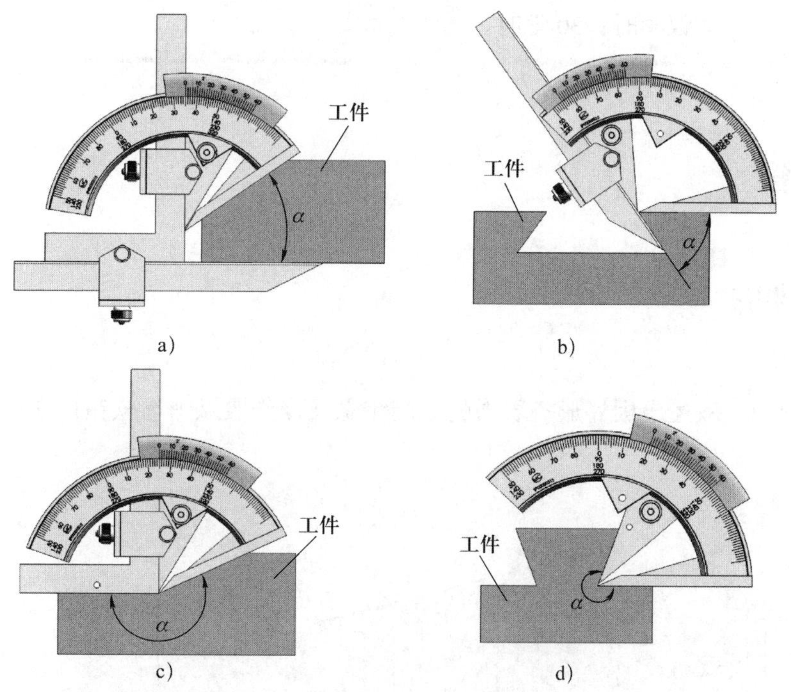

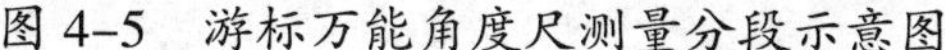

图 4–5　游标万能角度尺测量分段示意图

图 4–5a 为扇形尺、直角尺、直尺，测量范围为 0°＜α ≤ 50°。

图 4–5b 为扇形尺、直尺，测量范围为 50°＜α ≤ 140°。

图 4–5c 为扇形尺、直角尺，测量范围为 140°＜α ≤ 230°。

图 4–5d 为扇形尺，测量范围为 230°＜α ≤ 320°。

学习活动 2　制定压板的加工工艺

学习目标

1. 能叙述铣削斜面的方法，制定压板中斜面的加工步骤。

2. 能叙述铣削沟槽的方法，制定压板中沟槽的加工步骤。

3. 能综合考虑零件材料、刀具材料、加工性质、机床特性等因素，查阅技术手册，确定切削用量三要素中的切削速度、进给量和切削深度，并能运用公式计算转速和进给量。

4. 能正确、规范填写压板的加工工序卡。

建议学时：30 学时。

学习过程

一、制定加工步骤

1．铣削压板的外形

结合图 4–6、图 4–7，叙述压板外形各表面的铣削步骤及操作要点（与软钳口铣削方法相似，但毛坯为长方体）。

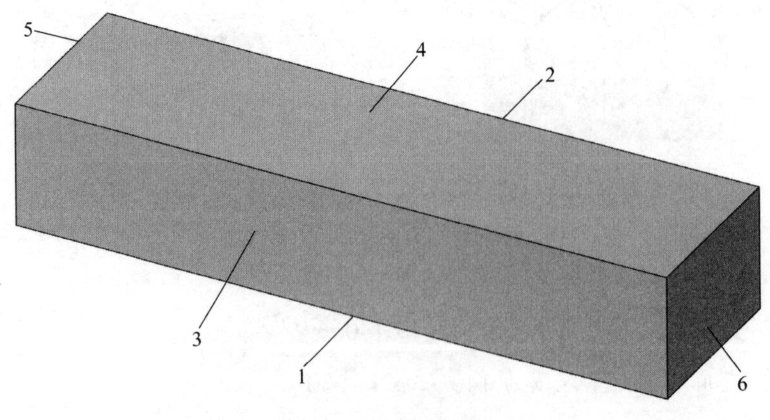

图 4–6　压板外形

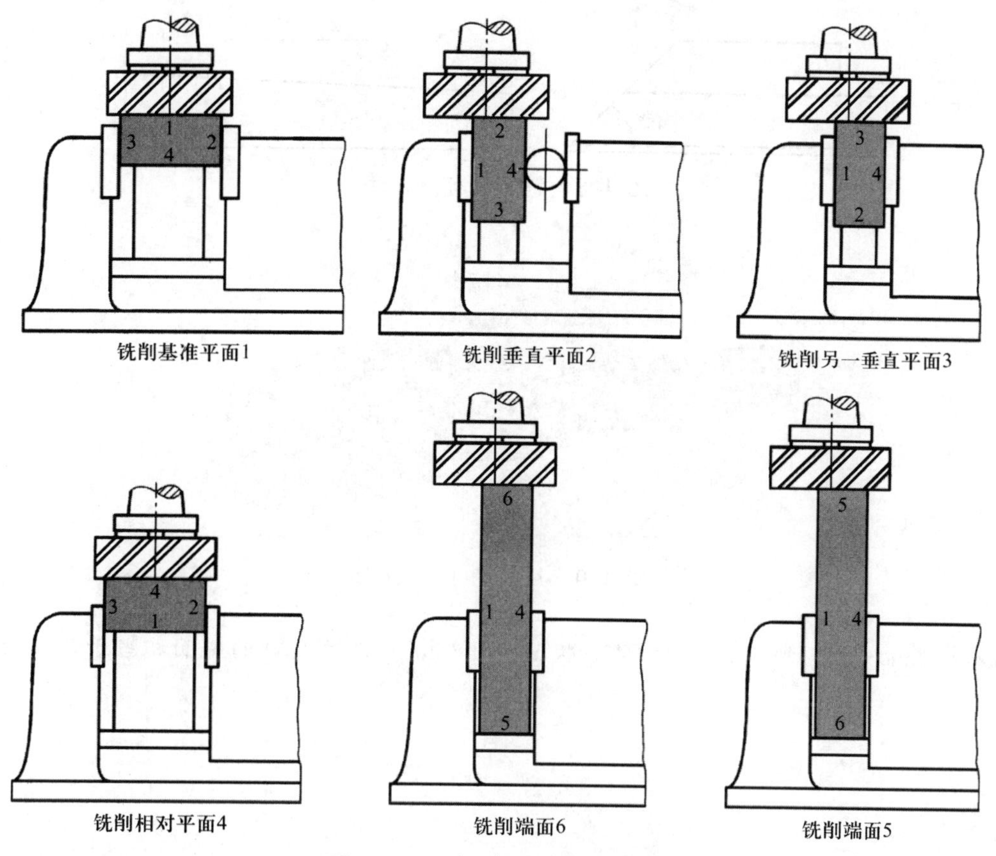

图 4-7　压板外形的铣削步骤

（1）装夹工件，保证面 1 减去加工余量外仍高出平口钳上平面 3 ~ 5 mm（以后的每次装夹都应保证）。铣削面 1，控制表面粗糙度、平面度并确保面 1 与垫铁（即未加工面 4）间的尺寸可满足后续加工。合格后卸下工件，用锉刀去除毛刺。

（2）装夹工件，将面 1 贴紧固定钳口。铣削面 2，保证面 2 的表面粗糙度和平面度，同时保证面 2 与面 1 的垂直度。合格后卸下工件，用锉刀去除毛刺。

（3）装夹工件，继续将面 1 贴紧固定钳口，将面 2 翻转 180°与垫铁贴合（用铜棒将工件敲实）。铣削面 3，保证面 3 的表面粗糙度和平面度，同时保证面 2 与面 3 间的尺寸。合格后卸下工件，用锉刀去除毛刺。

（4）装夹工件，将面 3 贴紧固定钳口，面 1 与垫铁贴合。铣削面 4，保证面 4 的表面粗糙度和平面度，同时保证面 1 与面 4 间的尺寸。合格后卸下工件，用锉刀去除毛刺。

（5）装夹工件，将面 1 贴紧固定钳口，校正面 2 与平口钳钳体导轨面垂直。铣削面 6，保证面 6 的表面粗糙度和平面度的同时保证面 6 与面 1、面 2 的垂直度。合格后卸下工件，用锉刀去除毛刺。

（6）装夹工件，将面 1 继续贴紧固定钳口，面 6 翻转 180°与垫铁贴合，校正面 2 与垫铁垂直。铣削面 5，保证面 5 的表面粗糙度和平面度，同时保证面 5 与面 6 间的尺寸。合格后卸下工件，用锉刀去除毛刺。

2．铣削斜面

（1）结合图 4-8、图 4-9，计算零件图中斜度 1∶4 的斜面相当于与底面的夹角为多少。

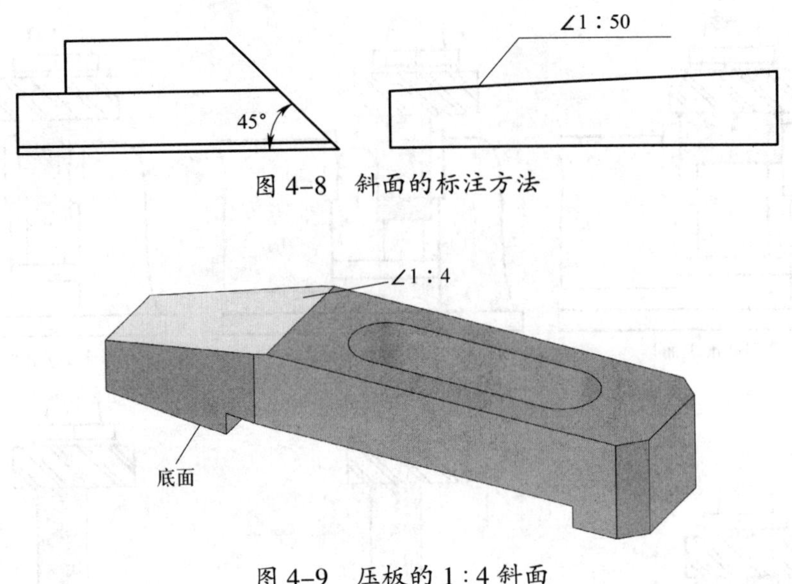

图 4-8 斜面的标注方法

图 4-9 压板的 1 : 4 斜面

因为 tanα=s，tanα=1/4，所以 $\alpha \approx$ 14.04°，取 α 为 14° 20′。斜度 1 : 4 的斜面相当于与底面间的夹角为 14° 20′。

（2）斜面加工前要对压板零件进行划线，根据图 4–10 所示的压板斜面坐标尺寸在工件上划线。

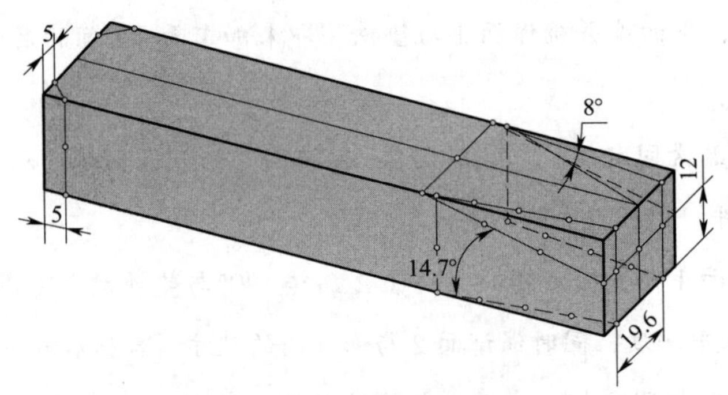

图 4–10 压板的斜面划线

（3）通过查阅资料，写出铣削斜面时工件、机床、刀具之间的关系必须满足的两个条件。

1）铣削时工件的斜面必须与进给方向平行。

2）铣削时工件的斜面必须与铣刀的切削位置相吻合。即周铣时，工件上的斜面必须与铣刀的外圆柱面相切；端铣时，工件上的斜面必须与铣刀的端面切削刃相重合。

（4）阅读表 4-3 所列的采用倾斜工件法装夹工件操作要点比较，填写相关内容。

表 4-3　采用倾斜工件法装夹工件操作要点比较

方法	操作要点	图示
1	在立式或卧式铣床上铣刀无法转动角度的情况下，可以将工件<u>倾斜</u>所需角度安装进行斜面的铣削 在<u>单件</u>生产中，常采用划线校正工件的装夹方法实现斜面的铣削	
2	利用<u>斜垫铁</u>装夹工件加工斜面	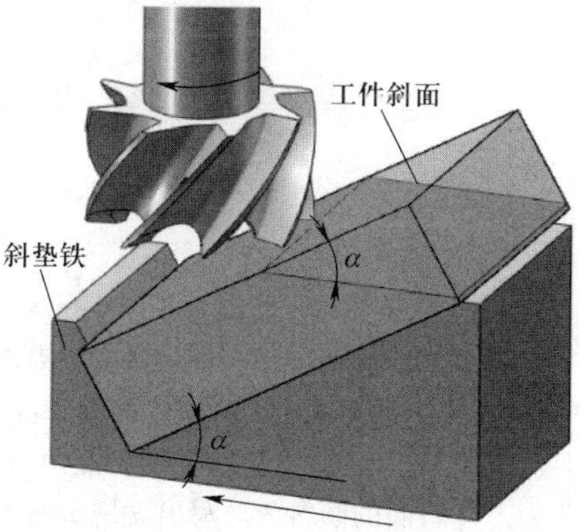
3	利用工件<u>旋转</u>，所夹工件与进给方向形成的角度也可实现斜面的铣削 安装平口钳时必须校正固定钳口与主轴轴线的垂直度与<u>平行度</u>（卧式铣床），或与工作台纵向进给方向的<u>垂直度</u>与平行度，然后再按角度要求将钳体转到<u>工作台</u>上的相应位置，就可以铣削所要的斜面 也可直接将工件倾斜放在工作台面上，用压板夹紧后铣削斜面	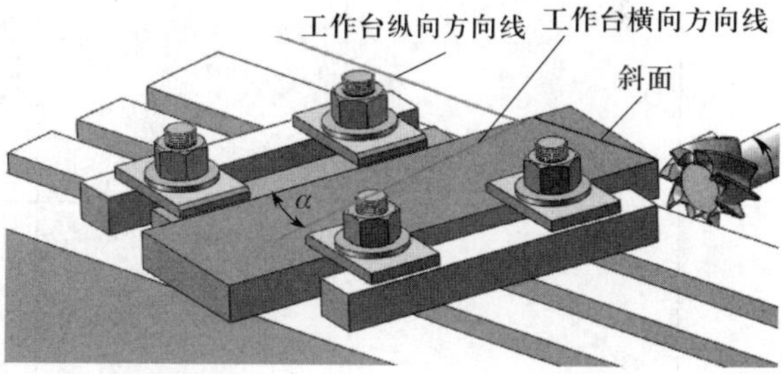 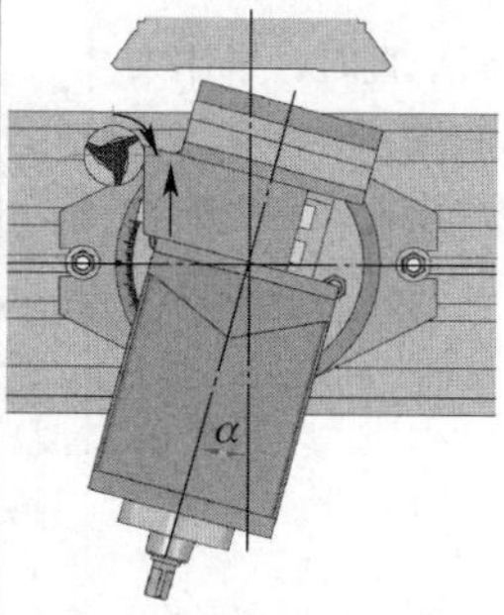 斜面与横向进给方向平行 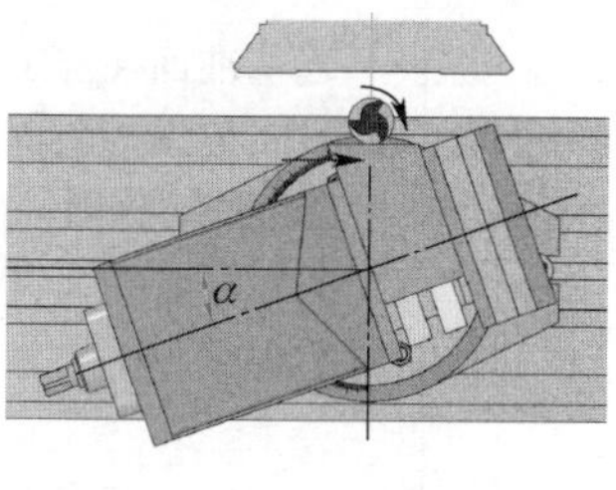　斜面与纵向进给方向平行

（5）阅读表 4–4 所列采用倾斜立铣头法装夹工件操作要点比较，填写相关内容。

表 4–4　采用倾斜立铣头法装夹工件操作要点比较

方法	操作要点	图示
1	在立铣头可偏转的立式铣床、装有立铣头的卧式铣床、万能工具铣床上均可将面铣刀、立铣刀按要求偏转一定角度。当基准面 A 与工作台面平行时，采用刀具端面刃铣削斜面，如右图所示，a 图为铣床生产实例图，b 图为简图，图中 θ 角为工件斜面的倾斜角。写出立铣头所扳转角度 α =<u>θ</u>	 a) 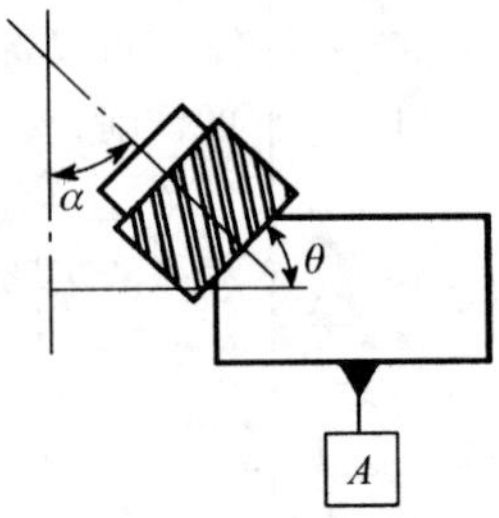　b)
2	当基准面 A 与工作台面平行时，采用刀具圆周刃铣削斜面，如右图所示，a 图为铣床生产实例图，b 图为简图，图中 θ 角为工件斜面的倾斜角。写出立铣头所扳转角度 α =<u>90°−θ</u>	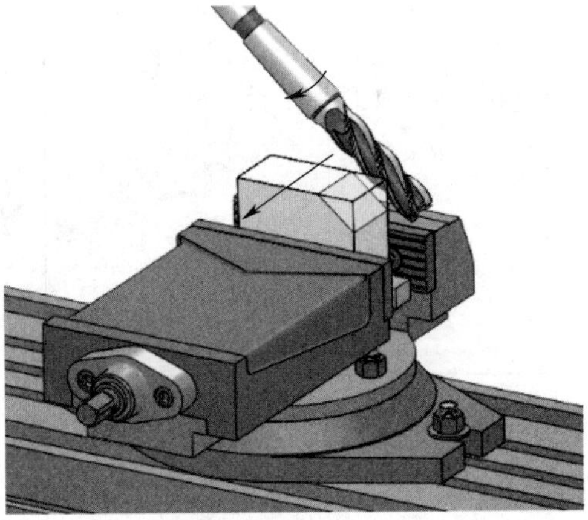 a) 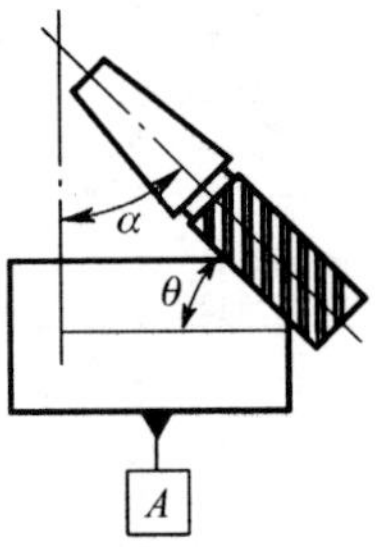　b)
3	当基准面 A 与工作台面垂直时，采用刀具圆周刃铣削斜面，如右图所示，a 图为铣床生产实例图，b 图为简图，图中 θ 角为工件斜面的倾斜角。写出立铣头所扳转角度 α =<u>θ</u>	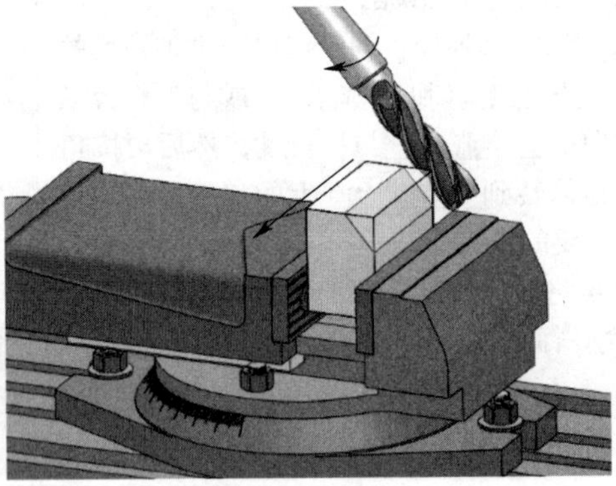 a) 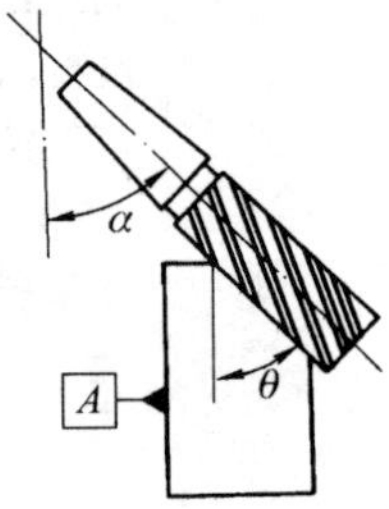　b)

续表

方法	操作要点	图示
4	当基准面 A 与工作台面垂直时，采用刀具端面刃铣削斜面，如右图所示，a 图为铣床生产实例图，b 图为简图，图中 θ 角为工件斜面的倾斜角。写出立铣头所扳转角度 α = 90° −θ	a)　b)

（6）如果选择角度铣刀铣削斜面，查阅技术手册并写出其适用范围。如果采用两把单角铣刀铣削对称斜面，单角铣刀应怎样选择（图 4–11）？

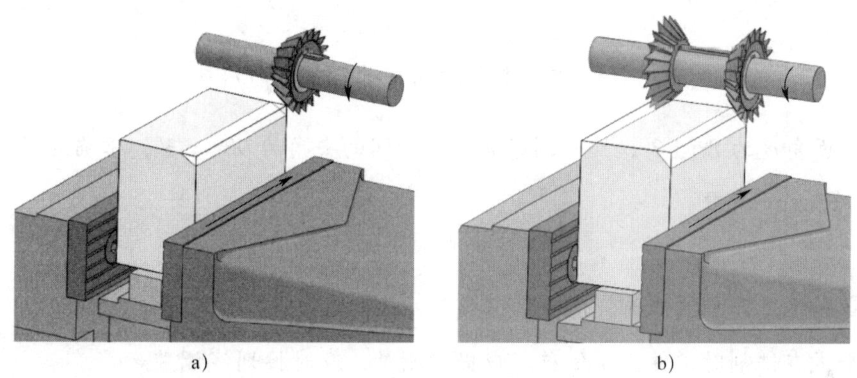

a)　　b)

图 4–11　用角度铣刀铣削斜面

铣削对称斜面时，应选用一对规格相同、刀齿刃口相反的角度铣刀，并将两把铣刀的刀齿错开半齿。

（7）如果选择面铣刀，采用划线的方式铣削斜面 1，查阅资料写出压板零件安装、调整及铣削加工过程，如图 4–12、图 4–13 所示。

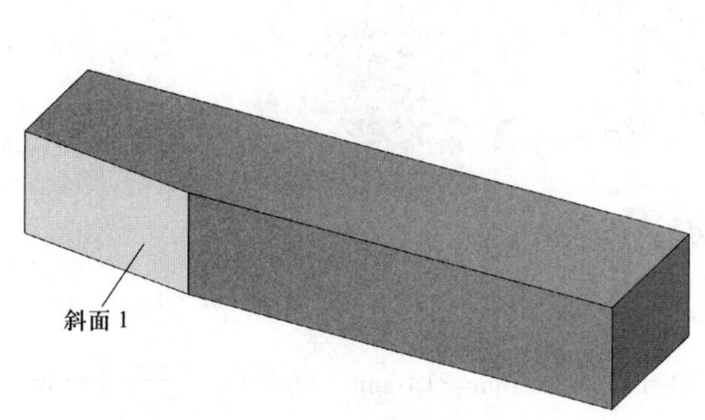

图 4–12　用面铣刀铣削压板斜面 1

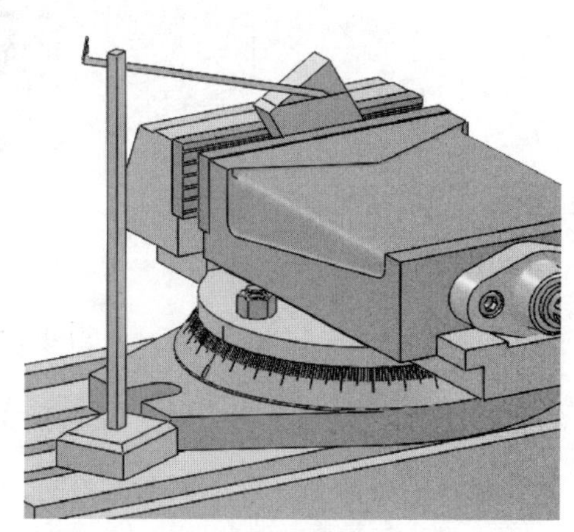

图 4–13　校正划线加工示意图

将划好线的零件，目测倾斜后轻轻地装夹在平口钳上，将划针尖头调整到斜面所划线的最低端，然后边移动划针边根据误差情况用铜棒轻轻敲击工件，直至斜面划线与划针移动路线重合。分层铣削工件多余部分到划线位置。铣削过程中避免出现因切削量较大而导致工件位移现象。

（8）如果图样中角度实际测量值为 98° 40′，确定它的值是否在压板图样中的公差允许范围内，如图 4–14 所示。

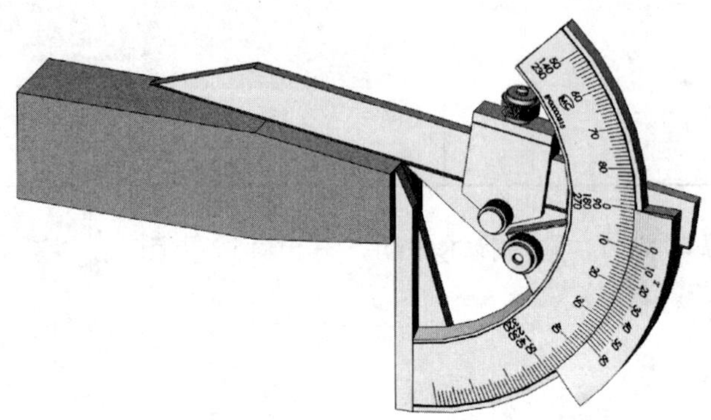

图 4–14　用游标万能角度尺测量斜面角度

因为压板侧边斜面角度为 8° ±3′，换算到斜面与端面间的夹角为 98° ±3′，正确范围在 97° 57′ ~ 98° 3′，因此 98° 40′超出公差允许的范围。

（9）分析产生这种加工误差的原因，应如何调整？

工件划线不准确或在铣削时工件产生位移。应提前测量，及时按划线调整。

（10）如图 4–15 所示，压板另一个 8°斜面 2 的铣削操作方法和上面的操作相同。

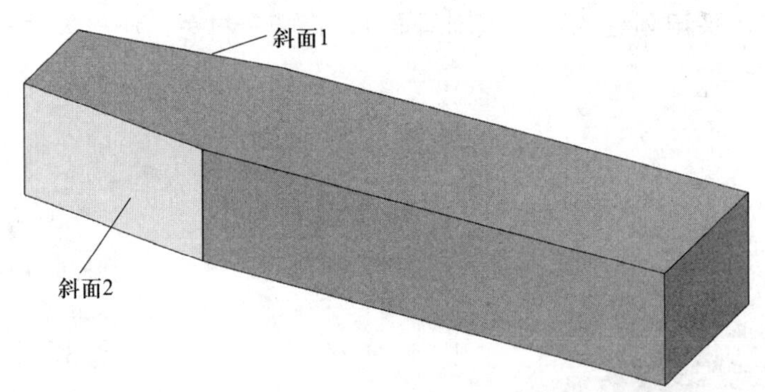

图 4–15　用面铣刀铣削压板斜面 2

（11）写出压板斜面角度控制正确后，再控制斜面尺寸 19.6 mm 的加工过程。

先铣削一侧斜面 8°，控制斜面到对边距离［30–（30–19.6）/2］mm=21.6 mm，再铣削另一侧斜面 8°，并控制斜面间尺寸 19.6 mm。

（12）如图 4–16 所示，如果 1∶4 斜面采用倾斜立铣头方法铣削加工，立铣头应倾斜多少角度？采用平口钳装夹工件，压板的哪个面贴合固定钳口？

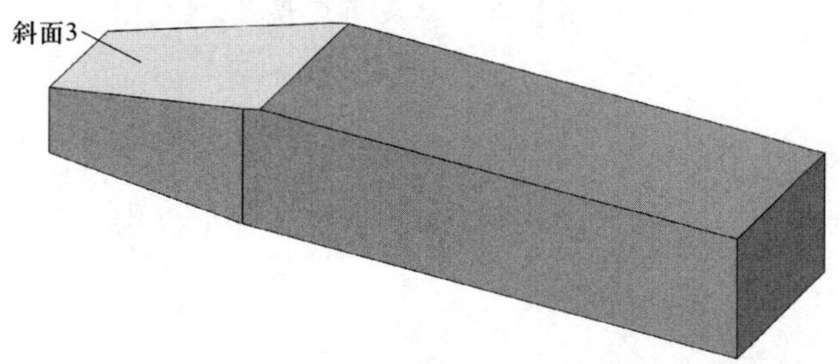

图 4–16　采用倾斜立铣头方法铣削斜面 3

1∶4 的斜度其斜面倾斜角度约等于 14.2°，因此立铣头应倾斜 14.2°。采用平口钳装夹工件，压板的侧面贴合固定钳口装夹。

（13）如图 4–17 所示，压板另外两个 *C*5 mm 倒角采用以上哪种加工方式加工效率最高？

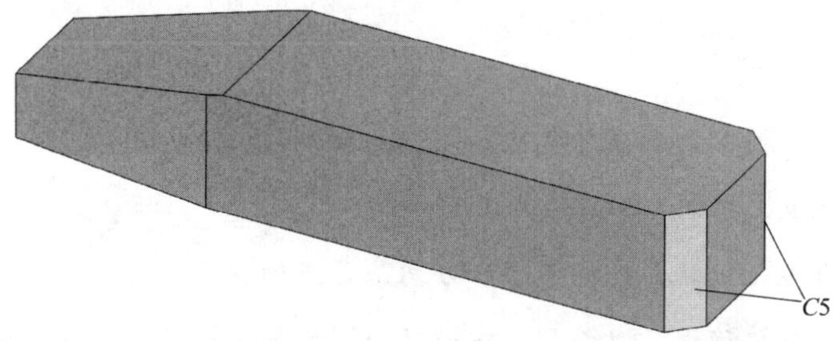

图 4–17　铣削压板 *C*5 mm 斜面

铣削加工斜面时，采用倾斜立铣头的方法比倾斜工件的方法加工效率高。

（14）如图 4–18 所示，压板零件中的各斜面有角度或斜度要求，写出其测量过程。如果测量结果超出公差范围，分析产生这种加工误差的原因。

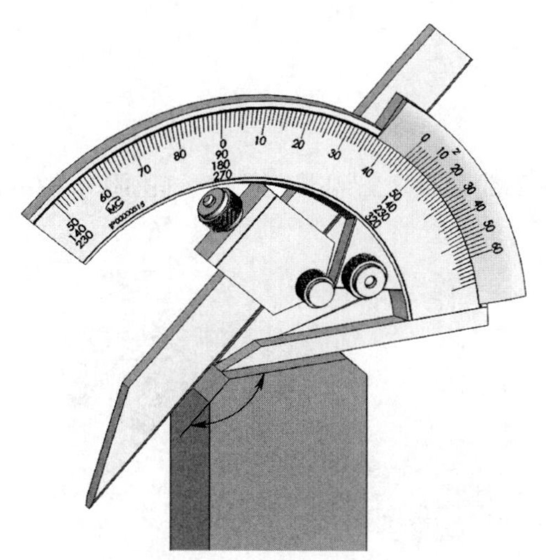

图 4–18　检测斜面角度

1）游标万能角度尺调整到需要的尺寸后固定，将基尺紧贴基准面后，慢慢移动游标万能角度尺，将直角尺的斜口与被测表面靠近，通过透光法观察两者间的接触是否均匀无误差，从而判断角度是否正确。角度要求较高时，不能靠目测，应采用塞尺进行测量后换算成角度误差。

2）产生误差的原因：

①立铣头扳转角度不准确。

②按划线装夹工件铣削时，工件划线不准确或在铣削时工件产生位移。

③采用周铣时，铣刀圆柱度误差大（有锥度）。

④采用角度铣刀铣削时，铣刀角度不准。

⑤工件装夹时，钳口、钳体导轨及工件表面未擦净。

（15）根据加工过程并查阅资料，阐述加工斜面时的注意事项。

1）划出的斜面轮廓线应反复校验，保证准确无误。

2）应反复验证平口钳或主轴扳转角度的大小和方向是否正确。

3）铣削时工件的装夹一定要稳固，以免加工中松动而影响加工精度或造成事故。

4）铣削斜面时工件余量变化较大，铣削时应注意铣削用量的控制和调整。

3．铣削直角沟槽

（1）加工前，先按尺寸要求在工件表面划出沟槽的位置、轮廓线，并打上样冲眼，如图 4–19 所示。

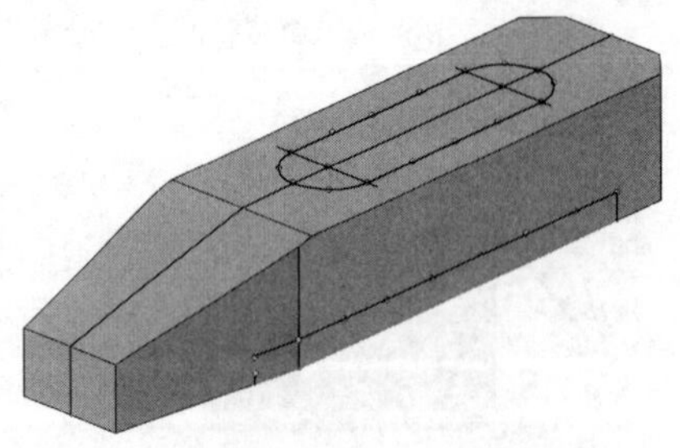

图 4–19　划沟槽的位置、轮廓线

（2）铣削 80 mm×5 mm 的直角沟槽（图 4–20）。

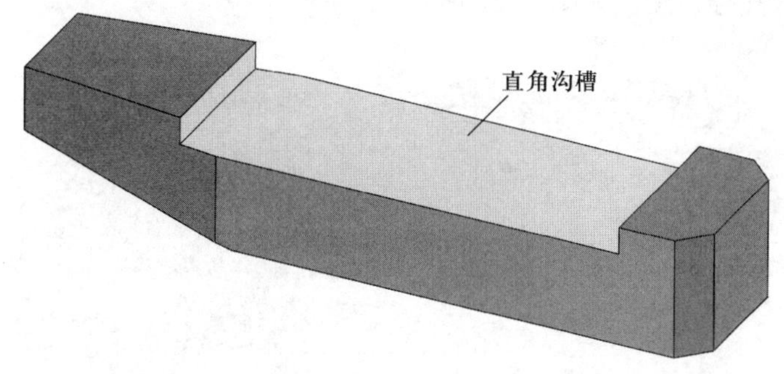

图 4–20　压板上的直角沟槽

1）用 ϕ20 mm 高速钢 4 刃立铣刀铣削直角沟槽（图 4–21），确定转速与进给量。

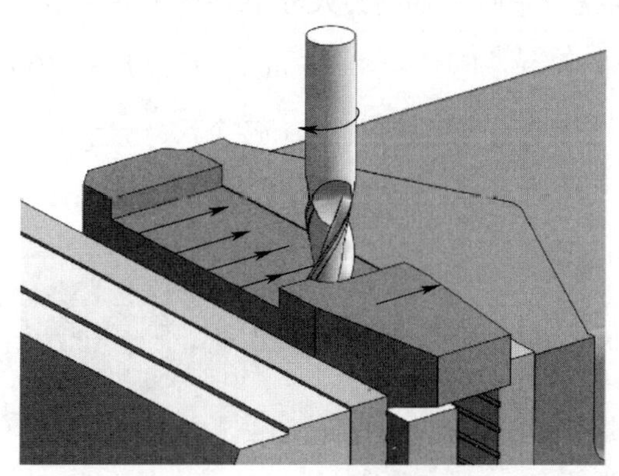

图 4–21　铣削直角沟槽

已知铣刀的直径为 20 mm，刀具的齿数 z=4。

由于所加工零件的材料为 45 钢，铣刀材料为高速钢，铣削性质为粗、精铣，根据技术手册选取每齿进给量的推荐值为 0.10 mm/ 齿；又根据技术手册的推荐值及铣刀耐用度等综合考虑，铣削速度可选取为 15 m/min。

$$n=\frac{1\,000\,v}{\pi d}=\left(\frac{1\,000\times 15}{3.14\times 20}\right)\text{r/min}\approx 238.8\ \text{r/min}$$

根据机床铭牌上的数值，主轴转速应调整到 200 r/min，精加工时可略高。

$$v_f=f_z zn=(0.1\times 4\times 200)\ \text{mm/min}=80\ \text{mm/min}$$

根据机床铭牌上的数值，进给量应调整到 80 mm/min，精加工时可更小。

2）采用扩刀法铣削沟槽，叙述铣削方法及注意事项。

加工宽度较宽的沟槽时，应分几次铣削到要求的宽度，以免铣刀受力过大引起折断，用立铣刀铣到深度后，再将槽扩铣到要求的宽度尺寸。

扩铣时应避免顺铣，防止逆铣过程中因丝杠与螺母之间存在间隙引起振动而损坏铣刀或啃伤工件。

（3）如果采用键槽铣刀铣削封闭槽，由于键槽铣刀中心部分没有切削刃，故需在工件上先钻一落刀孔，根据压板图样写出预钻孔的孔径范围，如图 4–22 所示。

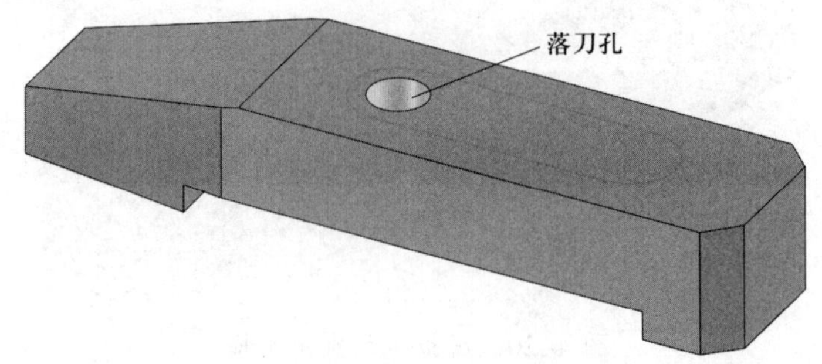

图 4–22　在压板上钻落刀孔

预钻孔的孔径范围应大于键槽铣刀中心无切削刃尺寸且小于键槽宽度。

（4）如图 4–23 所示，封闭槽的尺寸：限位尺寸 25 mm、长度尺寸 40 mm、槽宽 16 mm，且封闭槽对称于工件中心。叙述零件装夹后的封闭槽粗、精铣削过程（各个尺寸余量应为 0.5 ~ 1 mm）。

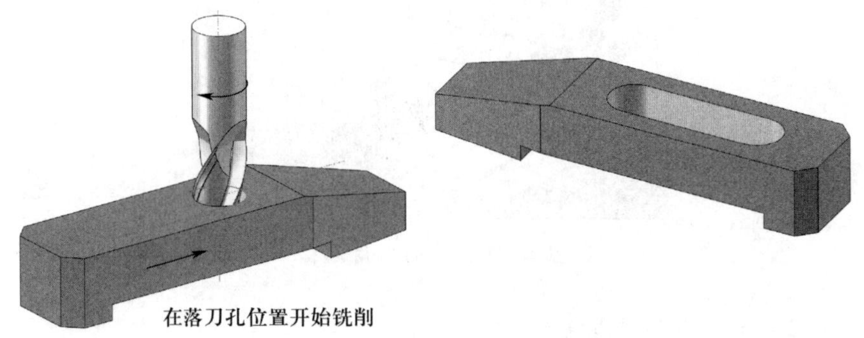

图 4–23　用立铣刀铣封闭槽

选用 ϕ16 mm 铣刀。在平口钳上用等高的平行垫铁安装工件，垫铁位置让开槽的位置。横向移动工作台，通过贴纸对刀的方法，在压板左右两侧对刀，将铣刀移动到压板对称中心位置，锁紧工作台横向。纵向移动工作台，再通过贴纸方法在压板接近沟槽的端面对刀，移动一个铣刀半径 8 mm 加限位尺寸 25 mm 的距离后，垂直移动工作台铣削沟槽一端的圆弧槽，测量并控制 25 mm，尺寸正确后垂直方向铣通。纵向移动工作台铣削沟槽，控制沟槽长度 40 mm 至要求。

（5）查阅技术手册或询问班组长等技术人员，结合实际加工过程叙述采用直柄立铣刀或键槽铣刀铣削直角沟槽时的注意事项。

采用直柄立铣刀或键槽铣刀铣削直角沟槽时，铣刀应采用弹簧夹头来装夹，若装夹得不够紧固，则铣削过程中铣刀在轴向铣削抗力的作用下会被逐渐从夹头中拔出，这一现象称“扎刀”。这样就使得沟槽越铣越深，甚至造成铣刀折断或工件报废。因此，用直柄铣刀加工直角沟槽时一定要注意铣刀安装得是否牢固。

二、填写工序卡

填写压板加工中铣削工序的工序卡（表 4–5）。

表 4-5　　压板加工工序卡

压板加工工序卡	产品型号		零件图号				
	产品名称		零件名称	压板	共	页	第　页
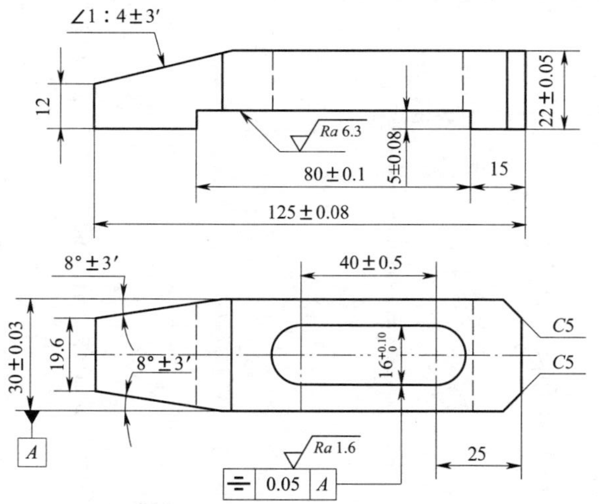	车间	工序号		工序名称		材料牌号	
	毛坯种类	毛坯外形尺寸		每毛坯可制件数		每台件数	
	矩形料	25 mm × 35 mm × 130 mm					
	设备名称	设备型号		设备编号		同时加工件数	
	夹具编号			夹具名称		切削液	
	工位器具编号			工位器具名称		工序工时（分）	
						准终	单件

技术要求

1. 调质后硬度为35～38HRC。
2. 全部锐边倒圆角R0.2。
3. 线性尺寸未注公差按GB/T 1804—m。

Ra 3.2 (√)

工步号	工步内容	工艺装备	主轴转速 /（r · min^{-1}）	切削速度 /（m · min^{-1}）	进给量 /（mm · min^{-1}）	切削深度 /mm	进给次数	工步工时 机动	工步工时 辅助
1	铣削基准面	平口钳	300～600	100～200	95～240	0.2～0.5	2～3		
2	铣削第二面	平口钳	300～600	100～200	95～240	0.2～0.5	2～3		
3	铣削第三面	平口钳	300～600	100～200	95～240	0.8～1	多次		
4	铣削第四面	平口钳	300～600	100～200	95～240	0.8～1	多次		
5	铣削第五面	平口钳	300～600	100～200	95～240	0.5～1	多次		
6	铣削第六面	平口钳	300～600	100～200	240	0.5～1	多次		
7	铣削斜面（两 8°斜面）	平口钳	300～600	100～200	95～240	1～3	多次		
8	精铣斜面（1 : 4 斜面）	平口钳	300～600	100～200	95～240	0.5～1	多次		
9	精铣斜面（两 C5 mm 斜面）	平口钳	300～600	100～200	95～240	0.5～1	多次		
10	铣削直角沟槽（中间封闭槽）	平口钳	600～900	10～20	40	0.5～2	多次		
11	铣削直角沟槽（底面通槽）	平口钳	400～800	10～20	40	0.5～3	多次		
				设计（日期）	校对（日期）	审核（日期）	标准化（日期）	会签（日期）	

学习活动3 压板的加工

学习目标

1. 能按零件图样要求，测量毛坯外形尺寸，判断毛坯是否有足够的加工余量。

2. 在加工过程中，能严格按照铣床操作规程操作铣床，按工步铣削压板；根据切削状态调整切削用量，保证正常切削；适时检测，保证精度。

3. 能对加工误差进行分析，并通过调整机床提高加工精度。

4. 能按车间现场管理规定正确放置零件。

5. 能按产品工艺流程和车间要求，进行产品交接并确认。

6. 能按车间规定，整理现场，保养机床，填写保养记录。

7. 能按车间规定填写交接班记录。

8. 能按照国家环保相关规定和车间要求，正确处置废油液等废弃物。

建议学时：50学时。

学习过程

一、填写领料单（表4-6）并领取材料

建议：重点在于学生能否规范填写并执行该表单，领取材料是工作流程中的必备环节，应注重培养学生养成良好的习惯。

表 4–6　　　　　　　　　　　　　　　　　领料单

填表日期：　　　年　　月　　日

领料部门		审核部门				
领料人		审核人				
材料名称	材料规格及型号	数量		单位	单价	总价
		请领	实发			

发料人：　　　　　　发料日期：　　　年　　月　　日

二、填写工量具清单（表 4–7）并领取工量具

建议：领取工量具的同时要求学生对压板的加工进行梳理和总结，确保所领取的工量具可完成加工任务，同时引导学生拓展学习其他相关工量刃具。

表 4–7　　　　　　　　　　　　　　　　　工量具清单

序号	工量具名称	规格	数量	需领用

三、进行加工

在实训场地按照表 4–8 操作过程的提示，完成压板的加工。

建议：

1. 加工过程中巡视监督，关注学生操作规范，发现问题及时纠正示范，解答学生疑问，针对优良素养行为及需改进的地方进行点评与指导。

2. 锻炼学生独立制定加工步骤与加工方法。

3. 通过压板加工，检查学生平面、沟槽等铣削技能的掌握情况。

4. 指导学生正确加工压板等。

5. 做好考核工作安排，指派专人担任安全文明生产管理员、质量控制员等，强调安全及考核标准，做好时间控制。

表 4–8 操作过程

操作步骤	操作要点
1. 加工前准备工作	按操作规程，加工零件前首先要检查各手柄的原始位置是否正常及各进给方向的停止挡铁是否在限位柱范围内，是否牢靠，然后完成机床润滑、预热等准备工作
2. 压板外形加工	选择和安装铣刀，并调整铣床主轴转速、工作台进给量 根据毛坯尺寸，选择合适规格的面铣刀刀盘，并调整主轴转速至所选转速，进给量调至所选数值。检查工件毛坯，确定各平面的铣削深度。用平口钳装夹，完成各平面的铣削工作
3. 斜面的铣削	（1）铣削斜面时选用 ϕ80 mm 的面铣刀，主轴转速选择 600 r/min，进给量选择 120 mm/min （2）将工件放入钳口，调整好位置并轻轻夹紧，用划线盘按侧面划线校正，合适后夹紧工件 （3）移动横向工作台，调整铣刀位置，对刀，移距，分粗、精铣先铣出 172° 的斜面，并注意保证斜面相对于中线的对称尺寸，用游标万能角度尺及游标卡尺检查无误后，拆下工件，用锉刀去除毛刺，再将底面紧贴固定钳口，以底面划线校正装夹，以同样的方法分别铣出另一侧 172° 的斜面，并注意保证尺寸 19.6 mm （4）用游标万能角度尺及游标卡尺检查无误后，拆下工件，用锉刀去除毛刺 （5）用平口钳装夹工件，将侧面紧贴固定钳口，以侧面划线校正装夹，以同样的方法铣出斜度 1∶4 的斜面，并保证尺寸 12 mm （6）用平口钳装夹工件，铣削两处 *C*5 斜面 用百分表校正平口钳钳口与纵向进给方向平行。将立铣头倾斜 45° 并锁紧。装夹工件，调整好位置，校正工件的侧面与平口钳钳体导轨面垂直，合适后夹紧工件。移动工作台，调整铣刀位置，对刀，根据划线上升工作台，自动进给，分别用立铣刀的圆周刃和端面刃铣削出两斜面。按划线检查无误后，拆下工件，用锉刀去除毛刺
4. 直角沟槽的铣削	（1）用平口钳装夹工件，铣削 56 mm × 16 mm 封闭槽。换上 ϕ12 ~ 14 mm 的锥柄麻花钻 （2）将工件装夹在平口钳内。移动工作台，调整麻花钻位置，对刀，钻落刀孔，下降升降台，换上 ϕ16 mm 的立铣刀，分层铣削 56 mm × 16 mm 封闭槽，并注意保证槽宽 $16^{+0.10}_{0}$ mm、槽长 56 mm、定位尺寸 25 mm 等尺寸。检查无误后拆下工件，用锉刀去除毛刺 （3）卸下工件后，将工件翻转 180°，底面向上装夹，工件高出钳口大于 6 mm （4）继续使用 ϕ16 mm 的立铣刀，移动工作台，调整铣刀位置，分层粗铣沟槽各面，留 0.5 mm 余量，先精铣槽底面，控制（5 ± 0.08）mm 的槽深，再铣削槽右侧面，控制其到工件侧面的沟槽定位尺寸 15 mm，最后铣削槽左侧面，控制槽宽（80 ± 0.1）mm。检查无误后，拆下工件，用锉刀去除毛刺
5. 加工后整理工作	加工完毕后，按照图样要求进行自检，正确放置零件，并进行产品交接确认；按照国家环保相关规定和车间要求，整理现场，正确处置废油液等废弃物；按车间规定填写交接班记录

学习活动 4　压板的测量及误差分析

学习目标

1. 能利用量具完成压板各要素的直接和间接测量。

2. 能根据压板的检测结果，分析误差产生的原因。

3. 能正确、规范地使用工量具对压板进行检测，并准确记录测量结果。

4. 能根据检测结果正确填写检验报告单，分析加工误差出现的原因。

5. 能按检验室管理要求及工量具维护标准，正确维护与放置检验工量具。

建议学时：20 学时。

学习过程

一、检测工件

对工件进行检测，并将结果填写在表 4–9 中。

建议：

1. 指导学生使用游标卡尺、外径千分尺、游标万能角度尺等检测工件，锻炼学生测量平面尺寸、沟槽尺寸、斜面角度、表面质量等的方法与技能。

2. 检测记录一栏中应记录实际数值，便于教师检查和学生进行自我分析与总结。

3. 若职业素养中的项目被扣分，应要求学生整改到位后再开始工作。

表 4–9　　检测评价单

序号	名称	配分	项目与技术要求	评分标准	检测记录	得分
1	主要尺寸（52 分）	5	（125 ± 0.08）mm	超差不得分		
2		6	（30 ± 0.03）mm	超差不得分		

续表

序号	名称	配分	项目与技术要求	评分标准	检测记录	得分
3	主要尺寸（52分）	5	（22 ± 0.05）mm	超差不得分		
4		5	（80 ± 0.1）mm	超差不得分		
5		5	（5 ± 0.08）mm	超差不得分		
6		5	$16^{+0.10}_{0}$ mm	超差不得分		
7		5	（40 ± 0.5）mm	超差不得分		
8		5	1 : 4 ± 3′	超差不得分		
9		5	8° ± 3′	超差不得分		
10		6	对称度 0.05 mm	超差不得分		
11	次要尺寸（16分）	4	15 mm	超差不得分		
12		4	12 mm	超差不得分		
13		4	19.6 mm	超差不得分		
14		4	25 mm	超差不得分		
15	表面粗糙度（17分）	4	*Ra*1.6 μm（4处）	降级不得分		
16		12	*Ra*3.2 μm（12处）	降级不得分		
17		1	*Ra*6.3 μm（1处）	降级不得分		
18	主观评分（10分）	3.5	已加工零件倒角、倒圆、倒钝、去毛刺是否符合图样要求			
19		3.5	已加工零件是否有划伤、碰伤和夹伤			
20		3	已加工零件与图样要求的一致性以及其余表面粗糙度			
21	更换添加毛坯（5分）	5	是否更换添加毛坯		是 / 否	
22	职业素养	扣分	能正确穿戴工作服、工作鞋、安全帽和护目镜等劳动防护用品。每违反一项扣2分			
23			能规范使用设备、工具、量具和辅具。每违规操作一次扣2分			
24			能做好设备清洁、保养工作。不清洁、不保养扣3分，清洁保养不彻底扣2分			
总分			100		得分	

二、误差分析

根据检测结果进行误差分析，将分析结果填写在表4–10中。

建议：

1. 培养学生分析外形尺寸误差、几何精度误差和表面粗糙度误差的产生原因与修正措施。

2. 培养学生掌握分析误差产生原因的方法，引导学生总结误差修正措施，使学生养成良好的学习习惯。

表 4–10　　误差分析表

测量内容		零件名称	
测量工具和仪器		测量人员	
班级		日期	

质量问题	产生原因	修正措施
外形尺寸误差		
几何精度误差		
表面粗糙度误差		
其他误差		

结论（误差分析）：

三、清理现场、归置物品

完成压板的制作后，按照“6S”现场管理规范要求，保养工量具、清理现场、合理归置物品。

建议：教师应设立专门的安全文明生产管理员，随时检查，让学生养成良好的文明生产习惯，提高工作效率和加工质量。

学习活动 5　工作总结与评价

学习目标

1. 能按照能力评价表完成自评，通过交流讨论等方式较全面地对学习与工作情况进行总结。

2. 能按分组情况派代表积极、自信地展示零件加工成果，使用专业术语讲述本次任务的完成情况，并做分析总结。

3. 能与班组长、工具管理员等相关人员进行有效的沟通与合作，理解有效沟通和团队合作的重要性。

4. 能认真倾听他人的展示汇报，并接受其他小组的点评意见。

5. 能反思总结工作经验，提出改进措施，优化加工策略。

建议学时：10 学时。

学习过程

一、个人总结与评价

由个人填写表 4–11，对本次任务进行总结与评价。

建议：

1. 填写个人评价表，总结本次任务的铣削、位置精度控制和表面质量控制等知识与技能的掌握情况，给出准确的评价。

2. 评分时可分好、中、差三档分数段，便于学生根据实际情况合理评分。

表 4–11　个人评价表

序号	评价内容	配分	得分	总结个人在本次任务中掌握的知识与技能
1	能明确车间和工作区范围及限制	10		
2	能规范执行机加工车间安全防护规定	10		
3	能正确阅读生产任务单与零件图	10		

续表

序号	评价内容	配分	得分	总结个人在本次任务中掌握的知识与技能
4	能根据需要准确查阅相关资料	10		
5	能结合任务需求做好工艺与操作准备	10		
6	能熟练、规范操作铣床	10		
7	能在规定时间内完成产品的加工	10		
8	能正确检测产品的各项精度要求	10		
9	能严格执行现场“6S”管理要求	10		
10	能规范完成产品送检及交接班工作	10		
总分		100		

二、小组总结与评价

由各小组组长负责记录工作过程情况，并组织小组讨论确定各成员的学习与工作情况，填写表 4–12，完成小组总结与评价。

建议：

1. 学生通过在小组中展示、汇报等环节对自我学习情况进行分析与总结。

2. 小组讨论确定各成员的学习情况，小组评价表由组内成员互相交换填写，组长负责记录。

3. 针对个人解决问题的能力与沟通协作能力进行简要的文字总结，并对各成员在小组学习中做出的贡献给予准确的评价。

表 4–12　　小组评价表

序号	评价内容	配分	得分	总结个人在小组中参与的工作
1	能合作完成教师布置的任务和作业	10		
2	能认真听教师讲课，听同学发言	10		
3	能积极参与讨论，与他人良好合作	10		
4	能合作查阅相关资料，形成意见文本	10		
5	能积极地就疑难问题向同学和教师请教	10		
6	能积极参与合作分工，并指出同学在操作中的不规范行为	10		
7	能规范操作机床进行产品加工，并及时记录（小组）加工过程	10		
8	能通过正确的加工与检测，与同学一起分析并控制产品质量	10		
9	能与同学按车间管理要求，规范摆放工量刀具，整理清扫现场	10		
10	能通过记录、讨论等活动，总结反思任务实施中出现的问题，提出解决方法，积累工作经验	10		
总分		100		

三、教师总结与评价

由教师组织各小组进行汇报与交流，对整个学习环节中的成绩与问题进行总结，对学习与工作情况进行评价，并填写表 4–13。

建议：

1. 教师组织各小组进行汇报、交流，并对班级整体学习与工作情况进行总结与评价。
2. 总结问题，表扬优秀案例，对突出的典型问题和安全事项给出标准答案。
3. 引导学生树立正确的劳动价值观。
4. 布置课后作业，明确课后任务要求。

表 4–13　　教师评价表

序列	评价内容	配分	得分	教师点评
1	遵守学校各项规章制度情况	10		
2	文明生产习惯的养成情况	10		
3	查找资源、工量刃具的选择、工艺分析等学习与工作的准备能力	10		
4	安全、有效地选择和使用合适的机床，并完成产品加工	10		
5	学习与工作中发现与解决问题的能力	10		
6	学习与工作的执行能力（是否按照工作页流程实施）	10		
7	学习与工作时的组织能力	10		
8	协助或帮助小组成员完成任务情况	10		
9	对任务完成情况的总结与表达能力	10		
10	现场“6S”管理意识的养成情况	10		
总分		100		

任课教师：　　　　年　　月　　日

四、总评

汇总前面学习活动的检测评价单以及个人评价表、小组评价表、教师评价表的得分，按照权重计算实际得分，填写在表 4–14 中。

表 4–14　　总评表

内容	得分	权重	加权得分
检测评价		40%	
个人评价		20%	
小组评价		20%	
教师评价		20%	
总分			

姓名：　　　　年　　月　　日

任务拓展

一、工作情境描述

某企业需要制作 20 件如图 4–24 所示调节块，毛坯为 28 mm×37 mm×92 mm 板料，材料为 45 钢。生产技术部将该项生产任务安排给铣工组，调节块表面要求光洁、美观，无毛刺。

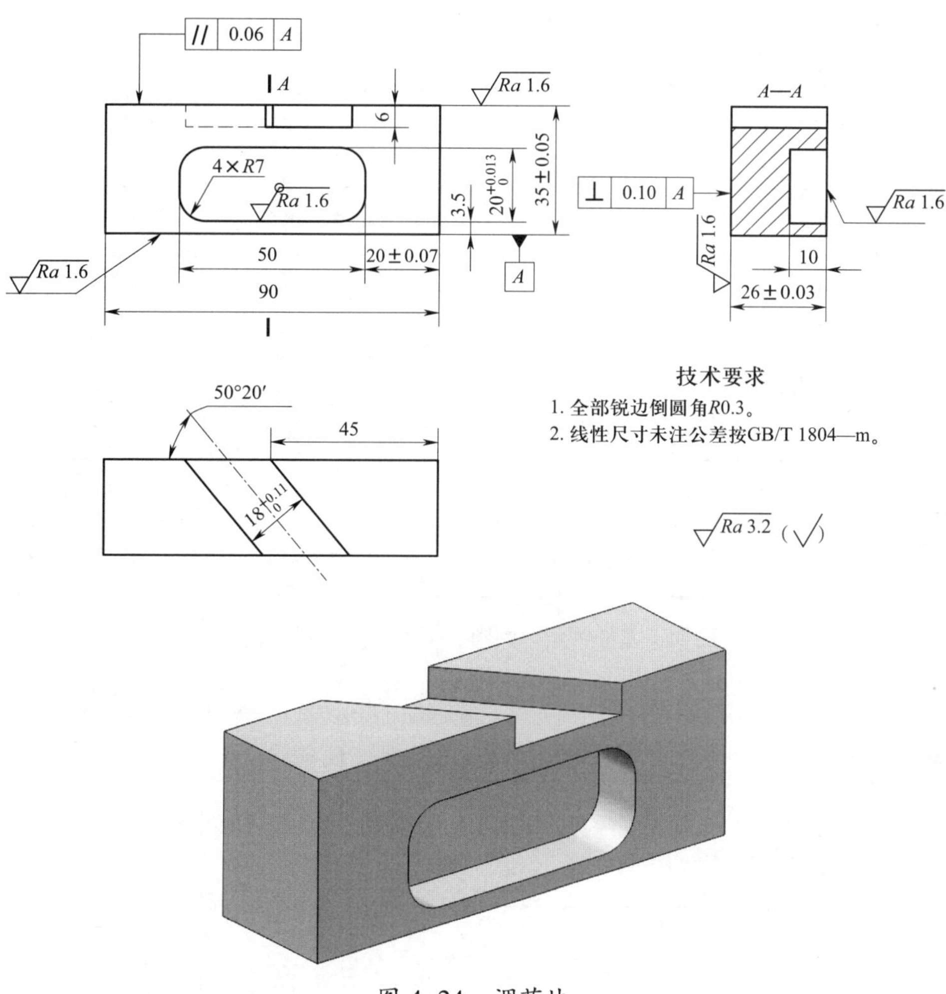

图 4–24　调节块

二、评分标准

按表 4–15 中项目和技术要求检测调节块尺寸是否合格。

表 4–15　　检测评价单

序号	名称	配分	项目与技术要求	评分标准	检测记录	得分
1	主要尺寸（59 分）	6	（26 ± 0.03）mm	超差不得分		
2		6	（35 ± 0.05）mm	超差不得分		
3		6	（20 ± 0.07）mm	超差不得分		
4		5	$20^{+0.013}_{0}$ mm	超差不得分		
5		6	$3.5^{0}_{-0.08}$ mm	超差不得分		
6		5	50° 20′	超差不得分		
7		5	$18^{+0.11}_{0}$ mm	超差不得分		
8		8	垂直度 0.10 mm	超差不得分		
9		8	平行度 0.06 mm	超差不得分		
10		4	10 mm	超差不得分		
11	次要尺寸（16 分）	4	45 mm	超差不得分		
12		4	50 mm	超差不得分		
13		4	6 mm	超差不得分		
14		4	$4 \times R7$ mm	超差不得分		
15	表面粗糙度（10 分）	8	$Ra1.6$ μm（8 处）	降级不得分		
16		2	$Ra3.2$ μm（5 处）	降级不得分		
17	主观评分（10 分）	3.5	已加工零件倒角、倒圆、倒钝、去毛刺是否符合图样要求			
18		3.5	已加工零件是否有划伤、碰伤和夹伤			
19		3	已加工零件与图样要求的一致性以及其余表面粗糙度			
20	更换添加毛坯（5 分）	5	是否更换添加毛坯		是 / 否	

续表

<table>
<tr><th>序号</th><th>名称</th><th>配分</th><th>项目与技术要求</th><th>评分标准</th><th>检测记录</th><th>得分</th></tr>
<tr><td>21</td><td rowspan="3">职业素养</td><td rowspan="3">扣分</td><td colspan="3">能正确穿戴工作服、工作鞋、安全帽和护目镜等劳动防护用品。每违反一项扣 2 分</td><td></td></tr>
<tr><td>22</td><td colspan="3">能规范使用设备、工具、量具和辅具。每违规操作一次扣 2 分</td><td></td></tr>
<tr><td>23</td><td colspan="3">能做好设备清洁、保养工作。不清洁、不保养扣 3 分，清洁保养不彻底扣 2 分</td><td></td></tr>
<tr><td colspan="3">总分</td><td colspan="2">100</td><td>得分</td><td></td></tr>
</table>

世赛知识

铣削在世赛综合机械与自动化项目中的应用

综合机械与自动化项目是指运用机械加工、机械装调、液压与气动、电气安装、PLC 与自动化控制等方面的技术技能，使用普通车床、普通铣床等设备完成自动化装置中零部件的生产加工及机械装配，再通过电气安装、气动控制和 PLC 编程与调试实现机械装置的自动化控制的竞赛项目。

世界技能大赛综合机械与自动化项目采用第三方命题，赛前不公布竞赛试题、材料规格等，比赛共设置铣削加工、车削加工、电气安装及编程、机械装调与自动化演示 4 个模块，赛程为 4 天，累计比赛时间为 22 小时。该竞赛项目需要选手具备车工、铣工、装配钳工、电工 4 个工种的技能。

铣削是综合机械与自动化项目中的基本考核技能，参赛选手需要应用铣削技能，在竞赛中结合其他加工技能完成零件的机械加工，如铣槽、铣方块、铣角度、钻孔、铰孔、倒角、攻螺纹、铣成形面等操作。图 4–25 所示为第 46 届世界技能大赛该项目试题（自动倒酒机）。

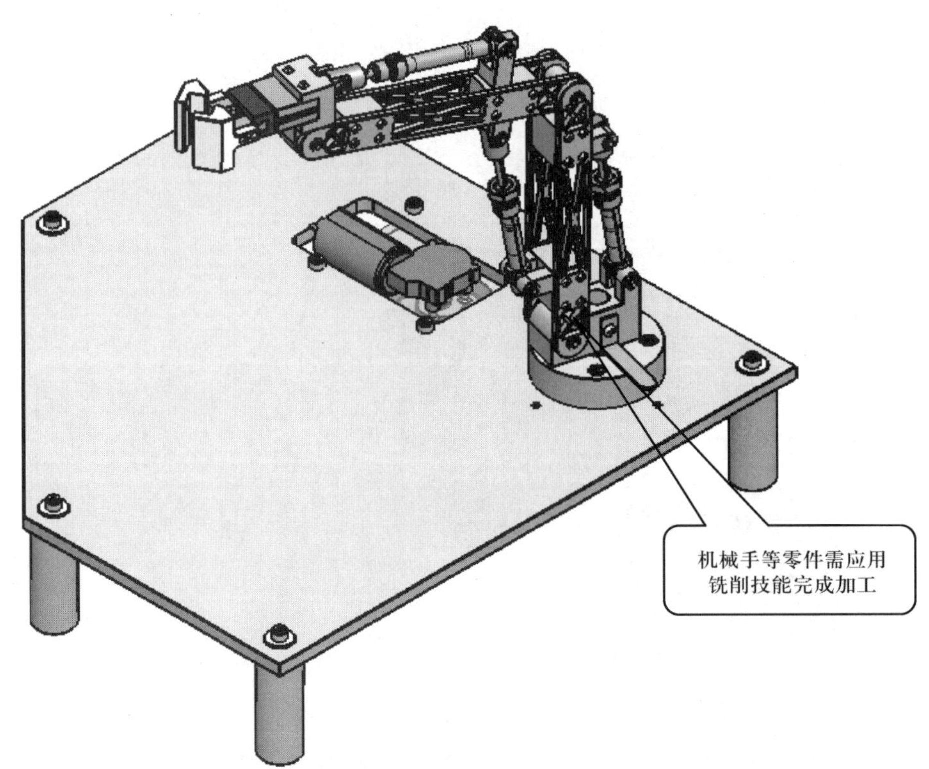

图 4–25　第 46 届世界技能大赛试题（自动倒酒机）

附　　录

附录 1　软钳口的铣削学习任务设计方案

专业名称	数控加工（数控车工 / 数控铣工）	一体化课程名称	零件普通铣床加工
学习任务一	软钳口的铣削	授课时数	100
工作情境描述	企业接到一批特制软钳口（图 1–1）加工订单，材料为 2A12，生产主管计划用普通铣床进行加工。特制软钳口用于零件的定位装夹，外形与平口钳的钳口外形相似，外形尺寸精度为 IT10 ~ IT8 级，其余尺寸精度为 IT12 级，关键定位面的平行度和垂直度公差为 0.02 mm		
学习任务描述	学生从教师处领取制作软钳口的生产任务单，识读软钳口零件图，查阅相关技术手册及国家标准，阅读软钳口加工工艺卡；了解机加工车间和工作区的范围和限制，理解企业在环境、安全、卫生等方面的标准，并按照机加工车间安全防护规定，穿戴劳保用品，执行安全操作规程；根据现场条件，查阅技术手册，确定符合加工技术要求的工具、量具、夹具及切削液，检查设备的完好性；按照工艺和工步，独立进行铣削平面、铣削垂直面与平行面、钻孔、锪孔等操作，并在加工过程中及时自检，确保完成软钳口的铣削，依据图样进行自检后交付质检人员。在工作过程中，操作者应严格执行安全操作规程、企业质量体系管理制度、“6S”管理制度等企业管理规定		
与其他学习任务的关系	该学习任务是零件普通铣床加工一体化课程的第一个任务，此学习任务是以铣加工入门知识学习为主，为下一学习任务的完成打下基础		
学生基础	具有基本的机械图样的识读能力和资料的阅读能力；熟悉一体化教学模式与流程；有一定的安全文明生产习惯、环保管理习惯、“6S”管理习惯、团队沟通合作意识等		
学习目标	1. 能了解机加工车间和工作区的范围和限制，理解企业在环境、安全、卫生等方面的标准 2. 能按照机加工车间安全防护规定，穿戴劳保用品，执行安全操作规程 3. 能描述铣床的分类、组成、结构、功能，指出各部件的名称和作用 4. 能根据现场条件，查阅技术手册，确定符合加工技术要求的工具、量具、夹具及切削液，并能正确使用 5. 能独立阅读生产任务单，明确工时、加工数量等要求，说出所加工零件的用途、功能和分类 6. 能识读图样和工艺卡，明确加工技术要求和加工工艺 7. 能综合考虑零件材料、刀具材料、加工性质、机床特性等因素，查阅技术手册，确定切削三要素中的切削速度、进给量和切削深度，并能运用公式计算转速和进给量 8. 能按零件图样要求，测量毛坯外形尺寸，判断毛坯是否有足够的加工余量		

续表

学习目标	9. 在加工过程中，能严格按照铣床操作规程操作铣床，按工步切削工件；根据切削状态调整切削用量，保证正常切削；适时检测，保证精度 10. 能正确选择粗、精基准，使用面铣刀对软钳口进行铣削加工 11. 能用通用量具对工件的平面度、垂直度、平行度进行检测，保证加工质量，并能在加工完毕后，按照图样要求进行自检 12. 能总结生产经验，优化加工策略 13. 能对铣床等设备进行维护保养，按现场“6S”管理的要求清理现场 14. 能按产品工艺流程和车间现场管理规定，进行产品交接并正确放置零件 15. 能在作业过程中严格执行企业操作规范、安全生产制度、环保管理制度以及“6S”管理规定，严格遵守从业人员的职业道德，具有吃苦耐劳、爱岗敬业的工作态度和职业责任感 16. 能与班组长、工具管理员等相关人员进行有效的沟通与合作，理解有效沟通和团队合作的重要性
学习内容	1. 生产任务单 2. 铣削加工的概念 3. 铣床的基本操作技能 4. 铣削加工常用工具、量具 5. 铣削加工安全文明生产要求 6. 生产过程与工艺过程 7. 工序的概念与工序的划分 8. 铣削平面 9. 铣削垂直面 10. 铣削平行面 11. 在铣床上钻孔 12. 在铣床上锪孔 13. 游标卡尺的应用 14. 平面度的检测 15. 垂直度的检测 16. 平行度的检测 17. 零件表面质量的检测 18. 平面铣削质量的分析
教学条件	1. 教学场地：一体化教室、铣削加工车间等 2. 设备：铣床、平口钳、划线平台、多媒体设备等 3. 工具：通用工具、刀具(铣刀、麻花钻、锪孔钻等)、辅具(划针、划规、划线盘、垫铁、气枪、清洗液等) 4. 量具：刀口形直角尺、游标卡尺、游标高度卡尺等 5. 防护用品：防护镜、工作服、工作帽等 6. 资料：软钳口工作页、生产任务单、零件图、领料单、加工工艺卡、技术手册、保养卡、交接班记录、检测评价单、安全操作规程等 7. 原材料：铝件（2A12）型材

续表

教学组织形式	1. 根据学习任务的活动内容和班级人数，进行小组分工，并确定负责人 2. 根据情景模拟，教师安排学生扮演角色，从资料室领取相关资料，如生产任务单、加工工艺卡、交接班记录等 3. 根据学习任务活动环节，积极引导学生分析学习任务，明确学习重点和难点 4. 教师对学习活动中的重点和难点进行分析、操作演示和现场指导，帮助学生掌握 5. 以情景模拟的形式，教师安排学生扮演角色，严格按照“6S”管理要求，清扫、整理、维护和保养铣床、工具、量具、划线平台等 6. 教师组织学生以小组或个人形式进行分析和总结，并汇报学习成果
教学流程与活动	1. 铣床的基本操作（20 学时） 2. 领取工作任务，明确加工内容（15 学时） 3. 制定软钳口的加工工艺（15 学时） 4. 软钳口的加工（25 学时） 5. 软钳口的测量及误差分析（15 学时） 6. 工作总结与评价（10 学时）
评价内容与标准	1. 能按生产任务单和图样，分析工作内容和要求，并正确完成软钳口工作页中的问题 2. 能根据任务要求制订合理的工作计划 3. 能规范地操作铣床 4. 能根据生产条件，合理安排生产活动，制定合理的加工工艺 5. 能在规定时间内，正确使用工具、量具、夹具、刃具，按照软钳口加工工艺卡中的流程完成软钳口的铣削 6. 能自觉遵守铣削加工车间安全操作规定、安全生产制度、环保管理制度以及“6S”管理规定 7. 能正确进行铣床、工具、量具、划线平台等设备与物品的清洁、保养和维护 8. 能服从安排，具备从业人员的责任感、团队沟通合作等职业素养

附录 2　软钳口的铣削教学活动策划表

教学活动	关键能力	学生活动	教师活动	学习内容	资源	评价点	学时	地点
学习活动 1：铣床的基本操作	安全意识、动手操作能力	1. 通过阅读资料、观看视频等方法学习安全文明生产 2. 自我检查、小组检查、教师检查安全防护用品的穿戴情况 3. 通过阅读资料、观看视频等方法学习铣床基本结构及操作方法 4. 观看教师示范操作 5. 分组训练，小组代表尝试练习，其他同学及时记录操作情况 6. 独立练习铣床的操作 7. 独立对铣床进行日常维护与保养	1. 发放资料、播放安全文明生产要求视频 2. 检查学生安全防护用品的穿戴情况 3. 发放资料、播放铣床操作、维护与保养视频 4. 示范铣床操作、维护与保养 5. 巡回指导，及时制止学生的不文明生产习惯 6. 检查学生对铣床的日常维护与保养情况 7. 总结并点评学生活动的完成情况	1. 安全文明生产要求 2. 铣床的结构及其操作方法 3. 铣刀的装卸 4. 铣床的日常维护与保养	1. 安全文明生产规程 2. 铣床说明书 3. 铣床操作视频 4. 铣床日常维护标准及示范视频	1. 安全文明生产的执行情况 2. 铣床操作的准确性（设定数值）与熟练程度（时间） 3. 铣床的日常维护与保养情况	20	一体化教室、铣削加工车间

续表

教学活动	关键能力	学生活动	教师活动	学习内容	资源	评价点	学时	地点
学习活动2：领取工作任务，明确加工内容	资料查阅能力、识图能力、分析能力	1. 以情景模拟的形式，学生扮演角色领取生产任务单 2. 阅读生产任务单，明确零件名称、制作材料、零件数量和完成时间 3. 与班组长等相关人员沟通，了解机械制造的主要职业（工种）及其特点 4. 分析软钳口所用材料的牌号、性能及用途 5. 分析零件图，明确加工尺寸要求 6. 识读工艺卡，完成加工前的准备工作 7. 自评、小组评价	1. 生产任务单的准备和发放 2. 讲解工作任务要求 3. 布置工作任务 4. 组织学生扮演角色 5. 检查学生任务完成情况和成果（包括指导工作页问题的表述）	1. 软钳口生产任务单 2. 软钳口零件图 3. 机械制造的主要职业（工种） 4. 软钳口所用材料的牌号、性能及用途 5. 工艺卡的识读 6. 查阅技术手册 7. 常用铣刀的几何参数 8. 常用夹具的使用方法	1. 工作页 2. 生产任务单 3. 软钳口零件图 4. 机械制图等资料 5. 常用工具、量具、夹具	1. 生产任务单 2. 制图知识 3. 专业术语 4. 表达方法 5. 小组活动 6. 工作页完成情况	15	一体化教室

续表

教学活动	关键能力	学生活动	教师活动	学习内容	资源	评价点	学时	地点
学习活动3：制定软钳口的加工工艺	资料查阅能力、规范养成意识、安全意识、学习能力	1. 查阅资料、观看视频，了解铣削加工基本知识 2. 学习铣削平面的方法与钻孔、锪孔的方法 3. 学习校正铣床主轴与进给方向垂直度的方法 4. 确定软钳口的铣削步骤与测量方法 5. 学习划线、钻孔、锪孔等方法 6. 识读工序卡，确定切削用量 7. 学习企业对铣削加工安全文明生产的要求 8. 正确填写工作页	1. 组织、引导学生观看视频，了解铣削加工基本知识 2. 讲解、示范铣削平面的方法 3. 讲解、示范校正铣床主轴与进给方向垂直度的方法 4. 引导学生制定软钳口的铣削步骤与测量方案 5. 讲解并示范划线、钻孔、锪孔等方法 6. 解读工序卡的内容，帮助学生确定切削用量 7. 引导学生学习铣削加工安全文明生产的要求，并检查执行情况 8. 指导学生完成工作页的填写 9. 对学生学习环节进行评价	1. 基准面的确定原则 2. 常用铣削方式、顺逆铣的特征和使用场合，判别加工过程中的铣削方式、顺逆铣 3. 铣削平面的方法与钻孔、锪孔的方法 4. 制定软钳口的加工步骤 5. 切削用量的计算与确定 6. 铣削加工常用量具及检测方法 7. 企业对铣削加工安全文明生产的要求	1. 铣削加工基本操作视频 2. 铣削加工常用设备 3. 铣削加工常用工具和量具 4. 工作页	1. “6S”管理规定 2. 铣削加工基本操作内容的认知 3. 铣削平面与钻孔、锪孔等加工方法的掌握情况 4. 铣削加工常用工具、量具的识别与使用 5. 铣削加工安全文明生产的认知 6. 工作页完成情况	15	一体化教室、铣削加工车间

续表

教学活动	关键能力	学生活动	教师活动	学习内容	资源	评价点	学时	地点
学习活动4：软钳口的加工	独立操作能力、规范养成意识、问题处理能力、工作统筹规划能力	1. 领取材料及工具、夹具、量具、刃具 2. 学习铣削平面的操作技能 3. 尝试校正铣床主轴与进给方向的垂直度 4. 学习划线、钻孔、锪孔等操作技能 5. 按照铣削步骤加工软钳口 6. 按照软钳口的测量方法检测软钳口，确保软钳口的加工质量 7. 学习企业对铣削加工安全文明生产的要求 8. 按工作页完成操作	1. 引导学生按照工作情境，领取本任务所需的材料及工具、夹具、量具、刃具 2. 巡回指导学生练习铣削平面的操作技能，并及时纠正其错误及安全隐患 3. 引导学生练习校正铣床主轴与进给方向的垂直度的方法 4. 巡回指导学生练习划线、钻孔、锪孔等操作技能 5. 巡回指导学生完成软钳口加工 6. 巡回指导学生正确检测软钳口 7. 检查督促学生安全文明生产的执行情况 8. 检查学生工作页的完成情况	1. 车间和工作区的范围和限制，企业在环境、安全、卫生和事故等方面的标准 2. 检查毛坯，规范装夹并校正 3. 规范装夹刀具，正确对刀 4. 检查铣床功能完好情况，进行机床润滑、预热等 5. 正确操作铣床，调整切削用量，适时检测，保证软钳口的加工精度 6. 正确选择麻花钻与锪孔钻，对软钳口上的孔进行加工 7. 自检，正确放置零件 8. “6S”管理规定的执行，填写交接班记录	1. 软钳口加工工艺卡、工序卡等 2. 材料、工具、夹具、量具和刃具等 3. 铣削加工工艺与技能训练教材 4. 铣削加工基本技能操作视频	1. 领取本任务所需的材料及工具、夹具、量具、刃具是否准确到位 2. 铣削平面与钻孔、锪孔的操作技能 3. 铣床主轴与进给方向的垂直度是否正确 4. 划线、钻孔、锪孔等操作技能 5. 软钳口加工过程的规范性 6. 软钳口的加工质量 7. 安全文明生产的执行情况 8. 工作页完成情况	25	一体化教室、铣削加工车间

续表

教学活动	关键能力	学生活动	教师活动	学习内容	资源	评价点	学时	地点
学习活动5：软钳口的测量及误差分析	分析问题与解决问题能力	1. 做好软钳口测量前的准备工作 2. 检测软钳口 3. 软钳口质量问题的分析与处理 4. 清理现场、归置物品	1. 组织学生做好测量前的准备工作 2. 现场指导学生检测软钳口 3. 引导学生对软钳口的质量问题结合实际情况进行分析与处理 4. 指导学生清理现场、归置物品，对学生能否规范执行“6S”管理规定予以评价	1. 工具、量具、刃具清单 2. 软钳口检测评价单的分析与完成 3. 软钳口误差分析 4. “6S”管理规定	1. 软钳口零件图 2. 工具、量具 3. 工作页	1. 软钳口产品加工质量 2. 软钳口产品加工效率 3. 产品检测规范 4. 软钳口误差分析表的完成情况 5. 工作页完成情况 6. 安全文明生产	15	一体化教室、铣削加工车间
学习活动6：工作总结与评价	总结能力、表达能力、沟通与交流能力	1. 通过交流讨论等方式全面地对学习与工作进行总结，独立完成自我评价 2. 积极参与小组交流，对合作成员给予恰当的评价与建议 3. 现场展示学习成果，倾听他人的展示汇报，并接受其他小组的点评意见 4. 现场讨论、点评软钳口的优缺点 5. 反思并总结工作经验，提出改进措施，优化加工策略 6. 正确完成工作页的填写	1. 引导学生通过交流讨论等方式全面地对学习与工作进行总结 2. 组织小组间交流，引导学生对合作成员给予恰当的评价与建议 3. 组织学生现场展示学习成果，引导小组间进行点评 4. 引导学生讨论，指出软钳口的优缺点 5. 引导学生反思并总结工作经验，帮助其制定改进措施，优化加工策略 6. 指导学生完成工作页的填写	1. 总结方法 2. 表达方法 3. 展示方案与流程 4. 会议记录方法 5. 合理的意见与建议	1. 多媒体设备等 2. 工作页	1. 总结的准确性与完整性 2. 表达能力 3. 沟通与交流能力 4. 自我展示情况 5. 自评与互评的准确性 6. 工作页完成情况	10	一体化教室

附录 3　V 形垫块的铣削学习任务设计方案

专业名称	数控加工（数控车工 / 数控铣工）	一体化课程名称	零件普通铣床加工
学习任务二	V 形垫块的铣削	授课时数	80
工作情境描述	某企业接到一批 V 形垫块（图 2–1）加工订单，材料为灰铸铁 HT200，生产主管计划用普通铣床进行加工。该零件用于工件的定位装夹，V 形垫块 6 个平面相互之间的平行度和垂直度为 0.02 mm，V 形槽角度为 90°，半角为 45°，V 形垫块对两侧边的对称度公差为 0.02 mm，平面度公差为 0.01 mm，尺寸精度为 IT8 ～ IT7 级，表面粗糙度为 *Ra*3.2 ～ 1.6 μm		
学习任务描述	学生从教师处领取制作 V 形垫块的生产任务单，识读 V 形垫块零件图，查阅相关技术手册及国家标准，阅读 V 形垫块加工工艺卡；了解机加工车间和工作区的范围和限制，理解企业在环境、安全、卫生等方面的标准，并按照机加工车间安全防护规定，穿戴劳保用品，执行安全操作规程；根据现场条件，查阅技术手册，确定符合加工技术要求的工具、量具、夹具及切削液，检查设备的完好性；按照工艺和工步，独立进行铣削平面、铣削垂直面与平行面、铣削直角沟槽、铣削 V 形槽等操作，并在加工过程中及时自检，确保完成 V 形垫块的铣削，依据图样进行自检后交付质检人员。在工作过程中，操作者应严格执行安全操作规程、企业质量体系管理制度、“6S”管理制度等企业管理规定		
与其他学习任务的关系	该学习任务是零件普通铣床加工一体化课程的第二个任务，进行此学习任务是以学习各种沟槽铣削方法为主，巩固铣削加工入门知识学习为辅，并为下一学习任务的完成做好准备		
学生基础	具有基本的机械图样的识读能力和资料的阅读能力；熟悉一体化教学模式与流程；有一定的安全文明生产习惯、环保管理习惯、“6S”管理习惯、团队沟通合作意识，并已掌握平面、垂直面、平行面、钻孔及锪孔等加工与检测方法		
学习目标	1. 能在班组长等相关人员指导下，正确阅读生产任务单，明确生产任务和工作要求 2. 能独立阅读 V 形垫块生产任务单，明确工时、加工数量等要求，说出所加工零件的用途、功能和分类 3. 能识读 V 形垫块图样和工艺卡，明确加工技术要求和加工工艺 4. 能查阅技术手册，正确选择立铣刀、键槽铣刀的规格，确定立铣刀、键槽铣刀的切削用量 5. 能了解铣工车间和工作区的范围和限制，理解企业在环境、安全、卫生等方面的标准 6. 能检查工作区、设备、工具和材料的状况和功能 7. 能按零件图样要求，检查毛坯尺寸，判断毛坯是否有足够的加工余量 8. 能对加工误差进行分析，并通过调整机床提高加工精度 9. 能按产品工艺流程和车间现场管理规定，进行产品交接并正确放置零件 10. 能对铣床进行日常保养、维护，正确处置废油液等废弃物与整理工作场地，及时做好交接班工作 11. 能总结工作经验，优化加工策略 12. 能在作业过程中严格执行企业操作规范、安全生产制度、环保管理制度以及“6S”管理规定，严格遵守从业人员的职业道德，具有吃苦耐劳、爱岗敬业的工作态度和职业责任感 13. 能与班组长、工具管理员等相关人员进行有效的沟通与合作，理解有效沟通和团队合作的重要性		

续表

学习内容	1. 生产任务单 2. 铣削加工常用工具、量具 3. 铣削加工安全文明生产要求 4. 生产过程与工艺过程 5. 工序的概念与工序的划分 6. 铣削直角沟槽 7. 铣削 V 形槽 8. 千分尺的应用 9. 沟槽角度的检测 10. 对称度的检测 11. 直角沟槽质量分析 12. V 形槽质量分析
教学条件	1. 教学场地：一体化教室、铣削加工车间等 2. 设备：铣床、平口钳、划线平台、多媒体设备等 3. 工具：通用工具、刀具 (面铣刀、立铣刀、键槽铣刀、角度铣刀等)、辅具 (划针、划规、划线盘、垫铁、气枪、清洗液等) 4. 量具：刀口形直角尺、游标卡尺、游标高度卡尺、千分尺等 5. 防护用品：防护镜、工作服、工作帽等 6. 资料：V 形垫块工作页、生产任务单、零件图、领料单、加工工艺卡、技术手册、保养卡、交接班记录、检测评价单、安全操作规程等 7. 原材料：铸件（HT200）
教学组织形式	1. 根据学习任务的活动内容和班级人数，进行小组分工，并确定负责人 2. 根据情景模拟，教师安排学生扮演角色，从资料室领取相关资料，如生产任务单、加工工艺卡、交接班记录等 3. 根据学习任务活动环节，积极引导学生分析学习任务，明确学习重点和难点 4. 教师对学习活动中的重点和难点进行分析、操作演示和现场指导，帮助学生掌握 5. 以情景模拟的形式，教师安排学生扮演角色，严格按照“6S”管理要求，清扫、整理、维护和保养铣床、工具、量具、划线平台等 6. 教师组织学生以小组或个人形式进行分析和总结，并汇报学习成果
教学流程与活动	1. 领取工作任务，明确加工内容（10 学时） 2. 制定 V 形垫块的加工工艺（15 学时） 3. V 形垫块的加工（30 学时） 4. V 形垫块的测量及误差分析（15 学时） 5. 工作总结与评价（10 学时）
评价内容与标准	1. 能按生产任务单和图样，分析工作内容和要求，并正确完成 V 形垫块工作页中的问题 2. 能根据任务要求制订合理的工作计划 3. 能规范、熟练地操作铣床 4. 能根据生产条件，合理安排生产活动，制定合理的加工工艺 5. 能在规定时间内，正确使用工具、量具、夹具、刃具，按照 V 形垫块加工工艺卡中的流程完成 V 形垫块的铣削 6. 能自觉遵守铣削加工车间安全操作规定、安全生产制度、环保管理制度以及“6S”管理规定 7. 能正确进行铣床、工具、量具、划线平台等设备与物品的清洁、保养和维护 8. 能服从安排，具备从业人员的责任感、团队沟通合作等职业素养

附录 4　V 形垫块的铣削教学活动策划表

教学活动	关键能力	学生活动	教师活动	学习内容	资源	评价点	学时	地点
学习活动 1：领取工作任务，明确加工内容	资料查阅能力、识图能力、分析能力	1．自我检查、小组检查、教师检查安全防护用品的穿戴情况 2．以情景模拟的形式，学生扮演角色领取生产任务单 3．阅读生产任务单，明确零件名称、制作材料、零件数量和完成时间 4．与班组长等相关人员沟通，分析 V 形垫块所用材料的牌号、性能及用途 5．分析零件图，明确加工尺寸要求 6．识读工艺卡，完成加工前的准备工作 7．自评、小组评价	1．生产任务单的准备和发放 2．讲解工作任务要求 3．布置工作任务 4．组织学生扮演角色 5．检查学生任务完成情况和成果（包括指导工作页问题的表述）	1．V 形垫块生产任务单 2．V 形垫块零件图 3．V 形垫块所用材料的牌号、性能及用途 4．工艺卡的识读 5．查阅技术手册 6．常用沟槽铣刀的几何参数与选用 7．直角沟槽铣削方法与种类 8．直角沟槽测量方法 9．V 形槽铣削方法 10．V 形槽测量方法	1．工作页 2．生产任务单 3．V形垫块零件图 4．机械制图等资料 5．常用工具、量具、夹具	1．生产任务单 2．制图知识 3．专业术语 4．表达方法 5．小组活动 6．工作页完成情况 7．安全文明生产	10	一体化教室

续表

教学活动	关键能力	学生活动	教师活动	学习内容	资源	评价点	学时	地点
学习活动2：制定V形垫块的加工工艺	资料查阅能力、规范养成意识、安全意识、学习能力	1．查阅资料、观看视频，了解各种沟槽的铣削加工方法 2．确定铣削直角沟槽的方法与步骤 3．确定铣削V形槽的方法与步骤 4．确定V形垫块的铣削步骤与测量方法 5．识读工序卡，确定切削用量 6．学习企业对铣削加工安全文明生产的要求 7．正确填写工作页	1．组织、引导学生观看视频，了解各种沟槽的铣削加工方法 2．讲解、示范铣削直角沟槽的方法 3．讲解、示范铣削V形槽的方法 4．引导学生制定V形垫块的铣削步骤与测量方案 5．解读工序卡内容，帮助学生确定切削用量 6．引导学生学习铣削加工安全文明生产的要求，并检查执行情况 7．指导学生完成工作页填写 8．对学生学习环节进行评价	1．铣削直角沟槽的方法，V形垫块中直角沟槽加工步骤的制定 2．铣削V形槽的方法，V形垫块中V形槽加工步骤的制定 3．切削三要素的计算与确定 4．V形垫块加工工序卡的填写 5．V形垫块加工工艺的制定 6．企业对铣削加工安全文明生产的要求	1．各种沟槽的铣削加工操作视频 2．铣削加工常用设备 3．铣削加工常用工具和量具 4．工作页	1．“6S”管理规定 2．各种沟槽的铣削加工方法的掌握情况 3．铣削直角沟槽和V形槽等加工方法的掌握情况 4．铣削加工常用工具、量具的识别与使用 5．铣削加工安全文明生产的认知 6．工作页完成情况	15	一体化教室、铣削加工车间

续表

教学活动	关键能力	学生活动	教师活动	学习内容	资源	评价点	学时	地点
学习活动3：V形垫块的加工	独立操作能力、规范养成意识、问题处理能力、工作统筹规划能力	1. 领取材料及工具、夹具、量具、刃具 2. 学习铣削直角沟槽的操作技能 3. 学习铣削V形槽的操作技能 4. 按照铣削步骤加工V形垫块 5. 按照V形垫块的测量方法检测V形垫块，确保V形垫块的加工质量 6. 学习企业对铣削加工安全文明生产的要求 7. 按工作页完成操作	1. 引导学生按照工作情境，领取本任务所需的材料及工具、夹具、量具、刃具 2. 巡回指导学生练习铣削直角沟槽的操作技能，并及时纠正其错误和安全隐患 3. 巡回指导学生练习铣削V形槽的操作技能，并及时纠正其错误和安全隐患 4. 巡回指导学生完成V形垫块的加工 5. 巡回指导学生正确检测V形垫块 6. 检查督促学生安全文明生产的执行情况 7. 检查学生工作页的完成情况	1. 车间和工作区的范围和限制，企业在环境、安全、卫生和事故等方面的标准 2. 检查毛坯，规范装夹与校正 3. 规范装夹刀具，正确对刀 4. 检查铣床功能完好情况，对机床进行润滑、预热等 5. 铣削直角沟槽与V形槽，调整切削用量 6. 自检，正确放置零件 7. “6S”管理规定的执行，填写交接班记录	1. V形垫块加工工艺卡、工序卡等 2. 材料、工具、夹具、量具和刃具等 3. 铣削加工工艺与技能训练教材 4. 直角沟槽与V形槽铣削技能操作视频	1. 领取本任务所需的材料及工具、夹具、量具、刃具是否准确到位 2. 铣削直角沟槽与V形槽的操作技能 3. V形垫块加工过程的规范性 4. V形垫块的加工质量 5. 安全文明生产的执行情况 6. 铣床的日常维护与保养情况 7. 工作页完成情况	30	一体化教室、铣削加工车间

续表

教学活动	关键能力	学生活动	教师活动	学习内容	资源	评价点	学时	地点
学习活动4：V形垫块的测量及误差分析	分析问题与解决问题能力	1. 做好V形垫块测量前的准备工作 2. 检测V形垫块 3. V形垫块质量问题的分析与处理 4. 清理现场、归置物品	1. 组织学生做好测量前的准备工作 2. 现场指导学生检测V形垫块 3. 引导学生对V形垫块的质量问题结合实际情况进行分析与处理 4. 指导学生清理现场、归置物品，对学生能否规范执行“6S”管理规定予以评价	1. 工具、量具、刃具清单 2. V形垫块检测评价单的分析与完成 3. V形垫块误差分析 4.“6S”管理规定	1. V形垫块零件图 2. 工具、量具 3. 工作页	1. V形垫块的加工质量 2. V形垫块的加工效率 3. 产品检测规范 4. V形垫块误差分析表的完成情况 5. 工作页完成情况 6. 安全文明生产	15	一体化教室、铣削加工车间
学习活动5：工作总结与评价	总结能力、表达能力、沟通与交流能力	1. 通过交流讨论等方式全面地对学习与工作进行总结，独立完成自我评价 2. 积极参与小组交流，对合作成员给予恰当的评价与建议 3. 现场展示学习成果，倾听他人的展示汇报，并接受其他小组的点评意见 4. 现场讨论、点评V形垫块的优缺点 5. 反思并总结工作经验，提出改进措施，优化加工策略 6. 正确完成工作页的填写	1. 引导学生通过交流讨论等方式全面地对学习与工作进行总结 2. 组织小组间交流，引导学生对合作成员给予恰当的评价与建议 3. 组织学生现场展示学习成果，引导小组间进行点评 4. 引导学生讨论，指出V形垫块的优缺点 5. 引导学生反思并总结工作经验，帮助其制定改进措施，优化加工策略 6. 指导学生完成工作页的填写	1. 总结方法 2. 表达方法 3. 展示方案与流程 4. 会议记录方法 5. 合理的意见与建议	1. 多媒体设备等 2. 工作页	1. 总结的准确性与完整性 2. 表达能力 3. 沟通与交流能力 4. 自我展示情况 5. 自评与互评的准确性 6. 工作页完成情况	10	一体化教室

附录 5　拨杆轴的铣削学习任务设计方案

专业名称	数控加工（数控车工 / 数控铣工）	一体化课程名称	零件普通铣床加工
学习任务三	拨杆轴的铣削	授课时数	60
工作情境描述	某企业接到一批拨杆轴（图 3–1）轴上沟槽和键槽加工订单，材料为 40Cr，生产主管计划用普通铣床进行加工。该零件沟槽的作用是与拨叉连接，跟随拨叉轴向移动；键槽的作用是与键连接实现周向固定，并传递转矩。键槽的尺寸精度为 IT8 级，表面粗糙度为 Ra3.2 μm，键槽与轴线的对称度公差为 0.04 mm		
学习任务描述	学生从教师处领取制作拨杆轴的生产任务单，识读拨杆轴零件图，查阅相关技术手册及国家标准，阅读拨杆轴加工工艺卡；了解机加工车间和工作区的范围和限制，理解企业在环境、安全、卫生等方面的标准，并按照机加工车间安全防护规定，穿戴劳保用品，执行安全操作规程；根据现场条件，查阅技术手册，确定符合加工技术要求的工具、量具、夹具及切削液，检查设备的完好性；按照工艺和工步，独立进行铣削轴上沟槽与轴上键槽等操作，使用平口钳和 V 形垫块装夹工件，找正精度小于 0.04 mm；加工过程中将对刀操作和测量相结合，检测键槽与轴线的对称度，检测合格后才能进行批量生产；选用键槽铣刀加工，合理制定切削参数；测量键槽宽度（采用块规或塞规测量），自检后交付质检人员。在工作过程中，操作者应严格执行安全操作规程、企业质量体系管理制度、“6S”管理制度等企业管理规定		
与其他学习任务的关系	该学习任务是零件普通铣床加工一体化课程的第三个任务，此学习任务与前面所学的沟槽铣削既相似又有区别，零件外形从铣削加工常见的平面变成了圆柱面，因此本任务主要是对沟槽加工的延伸学习，对装夹方法、对刀方法及测量方法等知识与技能都有一定的拓展		
学生基础	具有基本的机械图样的识读能力和资料的阅读能力；熟悉一体化教学模式与流程；有一定的安全文明生产习惯、环保管理习惯、“6S”管理习惯、团队沟通合作意识，并已掌握平面、垂直面、平行面、直角沟槽、V 形槽、轴上沟槽、轴上键槽、钻孔及锪孔等加工与检测方法		
学习目标	1. 能独立阅读拨杆轴生产任务单，明确工时、加工数量等要求，说出所加工零件的用途、功能和分类 2. 能识读拨杆轴图样和工艺卡，明确加工技术要求和加工工艺 3. 能根据现场条件，查阅技术手册或咨询班组长等专业技术人员，确定符合加工技术要求的工具、量具、夹具、辅具及切削液 4. 能检查铣床功能完好情况，按操作规程进行加工前机床润滑、预热等准备工作 5. 在加工过程中，能严格按照铣床操作规程操作铣床，按工步铣削轴上的沟槽和键槽；根据切削状态调整切削用量，保证正常切削；适时检测，保证精度 6. 能对加工误差进行分析，并通过调整机床提高加工精度 7. 能按产品工艺流程和车间现场管理规定，进行产品交接并正确放置零件 8. 能在作业过程中严格执行企业操作规范、安全生产制度、环保管理制度以及“6S”管理规定，严格遵守从业人员的职业道德，具有吃苦耐劳、爱岗敬业的工作态度和职业责任感 9. 能与班组长、工具管理员等相关人员进行有效的沟通与合作，理解有效沟通和团队合作的重要性 10. 能对铣床进行日常保养、维护，正确处置废油液等废弃物与整理工作场地，及时做好交接班工作 11. 能主动获取有效信息，展示工作成果，对学习与工作进行总结反思		

续表

学习内容	1. 生产任务单 2. 铣削加工常用工具、量具 3. 铣削加工安全文明生产要求 4. 生产过程与工艺过程 5. 工序的概念与工序的划分 6. 铣削轴上沟槽 7. 铣削轴上键槽 8. 百分表的应用 9. 轴上沟槽的检测 10. 轴上键槽的检测 11. 对称度的检测 12. 轴上沟槽质量分析 13. 轴上键槽质量分析
教学条件	1. 教学场地：一体化教室、铣削加工车间等 2. 设备：铣床、划线平台、多媒体设备等 3. 工具：通用工具、刀具(面铣刀、立铣刀、键槽铣刀等)、辅具(划针、划规、划线盘、V形垫铁、气枪、清洗液等) 4. 量具：刀口形直角尺、游标卡尺、游标高度卡尺、千分尺、百分表等 5. 防护用品：防护镜、工作服、工作帽等 6. 资料：拨杆轴工作页、生产任务单、零件图、领料单、加工工艺卡、技术手册、保养卡、交接班记录、检测评价单、安全操作规程等 7. 原材料：锻件（40Cr）
教学组织形式	1. 根据学习任务的活动内容和班级人数，进行小组分工，并确定负责人 2. 根据情景模拟，教师安排学生扮演角色，从资料室领取相关资料，如生产任务单、加工工艺卡、交接班记录等 3. 根据学习任务活动环节，积极引导学生分析学习任务，明确学习重点和难点 4. 教师对学习活动中的重点和难点进行分析、操作演示和现场指导，帮助学生掌握 5. 以情景模拟的形式，教师安排学生扮演角色，严格按照“6S”管理要求，清扫、整理、维护和保养铣床、工具、量具、划线平台等 6. 教师组织学生以小组或个人形式进行分析和总结，并汇报学习成果
教学流程与活动	1. 领取工作任务，明确加工内容（5学时） 2. 制定拨杆轴的加工工艺（10学时） 3. 拨杆轴的加工（30学时） 4. 拨杆轴的测量及误差分析（10学时） 5. 工作总结与评价（5学时）
评价内容与标准	1. 能按生产任务单和图样，分析工作内容和要求，并正确完成拨杆轴工作页中的问题 2. 能根据任务要求制订合理的工作计划 3. 能规范、熟练地操作铣床 4. 能根据生产条件，合理安排生产活动，制定合理的加工工艺 5. 能在规定时间内，正确使用工具、量具、夹具、刃具，按照拨杆轴加工工艺卡中的流程完成拨杆轴的铣削 6. 能自觉遵守铣削加工车间安全操作规定、安全生产制度、环保管理制度以及“6S”管理规定 7. 能正确进行铣床、工具、量具、划线平台等设备与物品的清洁、保养和维护 8. 能服从安排，具备从业人员的责任感、团队沟通合作等职业素养

附录 6 拨杆轴的铣削教学活动策划表

教学活动	关键能力	学生活动	教师活动	学习内容	资源	评价点	学时	地点
学习活动1：领取工作任务，明确加工内容	资料查阅能力、识图能力、分析能力	1．自我检查、小组检查、教师检查安全防护用品的穿戴情况 2．以情景模拟的形式，学生扮演角色领取生产任务单 3．阅读生产任务单，明确零件名称、制作材料、零件数量和完成时间 4．分析拨杆轴所用材料的牌号、性能及用途 5．分析零件图，明确加工尺寸要求 6．识读工艺卡，完成加工前的准备工作 7．自评、小组评价	1．生产任务单的准备和发放 2．讲解工作任务要求 3．布置工作任务 4．组织学生扮演角色 5．检查学生任务完成情况和成果（包括指导工作页问题的表述）	1．拨杆轴生产任务单 2．拨杆轴零件图 3．拨杆轴所用材料的牌号、性能及用途 4．工艺卡的识读 5．查阅技术手册 6．常用沟槽铣刀的几何参数与选用 7．轴上沟槽铣削方法 8．轴上沟槽测量方法 9．轴上键槽铣削方法与种类 10．轴上键槽测量方法	1．工作页 2．生产任务单 3．拨杆轴零件图 4．机械制图、工程材料、切削原理与刀具等资料 5．常用工具、量具、夹具	1．生产任务单 2．制图知识 3．专业术语 4．表达方法 5．小组活动 6．工作页完成情况 7．安全文明生产	10	一体化教室

续表

教学活动	关键能力	学生活动	教师活动	学习内容	资源	评价点	学时	地点
学习活动2：制定拨杆轴的加工工艺	资料查阅能力、规范养成意识、安全意识、学习能力	1. 查阅资料、观看视频，了解轴上沟槽与轴上键槽的铣削加工方法 2. 确定铣削轴上沟槽的方法与步骤 3. 确定铣削轴上键槽的方法与步骤 4. 确定拨杆轴的铣削步骤与测量方法 5. 识读工序卡，确定切削用量 6. 学习企业对铣削加工安全文明生产的要求 7. 正确填写工作页	1. 组织、引导学生观看视频，了解轴上沟槽与轴上键槽的铣削加工方法 2. 讲解、示范铣削轴上沟槽的方法 3. 讲解、示范铣削轴上键槽的方法 4. 引导学生制定拨杆轴的铣削步骤与测量方案 5. 解读工序卡内容，帮助学生确定切削用量 6. 引导学生学习铣削加工安全文明生产的要求，并检查执行情况 7. 指导学生完成工作页填写 8. 对学生学习环节进行评价	1. 铣削轴上沟槽的方法，拨杆轴中轴上沟槽加工步骤的制定 2. 铣削轴上键槽的方法，拨杆轴中轴上键槽加工步骤的制定 3. 切削三要素的计算与确定 4. 拨杆轴的加工工序卡的填写 5. 拨杆轴的加工工艺的制定 6. 企业对铣削加工安全文明生产的要求	1. 轴上沟槽与轴上键槽的铣削加工操作视频 2. 铣削加工常用设备 3. 铣削加工常用工具和量具 4. 工作页	1. “6S”管理规定 2. 轴上沟槽与轴上键槽的铣削加工认知 3. 铣削轴上沟槽与轴上键槽等加工方法的掌握情况 4. 铣削加工常用工具、量具的识别与使用 5. 铣削加工安全文明生产的认知 6. 工作页完成情况	15	一体化教室、铣削加工车间

续表

教学活动	关键能力	学生活动	教师活动	学习内容	资源	评价点	学时	地点
学习活动3：拨杆轴的加工	独立操作能力、规范养成意识、问题处理能力、工作统筹规划能力	1．领取材料及工具、夹具、量具、刃具 2．学习铣削轴上沟槽的操作技能 3．学习铣削轴上键槽的操作技能 4．按照铣削步骤加工拨杆轴 5．按照拨杆轴的测量方法检测拨杆轴，确保拨杆轴的加工质量 6．学习企业对铣削加工安全文明生产的要求 7．按工作页完成操作	1．引导学生按照工作情境，领取本任务所需的材料及工具、夹具、量具、刃具 2．巡回指导学生练习铣削轴上沟槽的操作技能，并及时纠正其错误及安全隐患 3．巡回指导学生练习铣削轴上键槽的操作技能，并及时纠正其错误及安全隐患 4．巡回指导学生完成拨杆轴加工 5．巡回指导学生正确检测拨杆轴 6．检查督促学生安全文明生产执行情况 7．检查学生工作页的完成情况	1．车间和工作区的范围和限制，企业在环境、安全、卫生和事故等方面的标准 2．检查毛坯，规范装夹与校正 3．规范装夹刀具，正确对刀 4．检查铣床功能完好情况，对机床进行润滑、预热等 5．铣削轴上沟槽与轴上键槽，调整切削用量 6．自检，正确放置零件 7．“6S”管理规定的执行，填写交接班记录	1．拨杆轴加工工艺卡、工序卡等 2．材料、工具、夹具、量具和刃具等 3．铣削加工工艺与技能训练教材 4．轴上沟槽与轴上键槽铣削技能操作视频	1．领取本任务所需的材料及工具、夹具、量具、刃具是否准确到位 2．铣削轴上沟槽与轴上键槽的操作技能 3．拨杆轴加工过程的规范性 4．拨杆轴的加工质量 5．安全文明生产的执行情况 6．铣床的日常维护与保养情况 7．工作页完成情况	30	一体化教室、铣削加工车间

续表

教学活动	关键能力	学生活动	教师活动	学习内容	资源	评价点	学时	地点
学习活动4：拨杆轴的测量及误差分析	分析问题与解决问题能力	1. 做好拨杆轴测量前的准备工作 2. 检测拨杆轴 3. 拨杆轴质量问题的分析与处理 4. 清理现场、归置物品	1. 组织学生做好测量前的准备工作 2. 现场指导学生检测拨杆轴 3. 引导学生对拨杆轴的质量问题结合实际情况进行分析与处理 4. 指导学生清理现场、归置物品，对学生能否规范进行“6S”管理规定予以评价	1. 工具、量具、刃具清单 2. 拨杆轴检测评价单的分析与完成 3. 拨杆轴误差分析 4. “6S”管理规定	1. 拨杆轴零件图 2. 工具、量具 3. 工作页	1. 拨杆轴产品加工质量 2. 拨杆轴产品加工效率 3. 产品检测规范 4. 拨杆轴误差分析表的完成情况 5. 工作页完成情况 6. 安全文明生产	15	一体化教室、铣削加工车间
学习活动5：工作总结与评价	总结能力、表达能力、沟通与交流能力	1. 通过交流讨论等方式全面地对学习与工作进行总结，独立完成自我评价 2. 积极参与小组交流，对合作成员给予恰当的评价与建议 3. 现场展示学习成果，倾听他人的展示汇报，并接受其他小组的点评意见 4. 现场讨论、点评拨杆轴的优缺点 5. 反思并总结工作经验，提出改进措施，优化加工策略 6. 正确完成工作页的填写	1. 引导学生通过交流讨论等方式全面地对学习与工作进行总结 2. 组织小组间交流，引导学生对合作成员给予恰当的评价与建议 3. 组织学生现场展示学习成果，引导小组间进行点评 4. 引导学生进行讨论，指出拨杆轴的优缺点 5. 引导学生反思并总结工作经验，帮助其制定改进措施，优化加工策略 6. 指导学生完成工作页的填写	1. 总结方法 2. 表达方法 3. 展示方案与流程 4. 会议记录方法 5. 合理的意见与建议	1. 多媒体设备等 2. 工作页	1. 总结的准确性与完整性 2. 表达能力 3. 沟通与交流能力 4. 自我展示情况 5. 自评与互评的准确性 6. 工作页完成情况	10	一体化教室

附录 7　压板的铣削学习任务设计方案

专业名称	数控加工（数控车工 / 数控铣工）	一体化课程名称	零件普通铣床加工
学习任务四	压板的铣削	授课时数	120
工作情境描述	某企业接到一批压板（图 4–1）加工订单，材料为 45 钢，生产主管计划用普通铣床进行加工。该零件用于在工作台上压紧零件，外形为长方体，一端有斜面，中间有 U 形槽，外形尺寸精度为 IT10 ~ IT8 级，未注公差尺寸精度取中等 m 级，表面粗糙度为 Ra6.3 ~ 1.6 μm		
学习任务描述	学生从教师处领取制作压板的生产任务单，识读压板零件图，查阅相关技术手册及国家标准，阅读压板加工工艺卡；了解机加工车间和工作区的范围和限制，理解企业在环境、安全、卫生等方面的标准，并按照机加工车间安全防护规定，穿戴劳保用品，执行安全操作规程；根据现场条件，查阅技术手册，确定符合加工技术要求的工具、量具、夹具及切削液，检查设备的完好性；按照工艺和工步，独立进行铣削平面、铣削垂直面与平行面、铣削斜面、铣削直角沟槽等操作，为提高生产效率、降低成本，加工过程中每一工步可同时装夹多个零件，选用高效率的刀具（面铣刀）加工；使用平口钳和垫块装夹时找正误差应小于 0.02 mm，确定加工基准，制定对刀、切削参数，采用通用量具测量，自检后交付质检人员。在工作过程中，操作者应严格执行安全操作规程、企业质量体系管理制度、“6S” 管理制度等企业管理规定		
与其他学习任务的关系	该学习任务是零件普通铣床加工一体化课程的最后一个任务，进行此学习任务是以巩固与综合前面所学知识为主，以学习铣削斜面新知识为辅，主要锻炼学生的综合知识运用与操作技能，本任务也是一个总结性任务，以检查学生本课程的学习情况		
学生基础	具有基本的机械图样的识读能力和资料的阅读能力；熟悉一体化教学模式与流程；有一定的安全文明生产习惯、环保管理习惯、“6S” 管理习惯、团队沟通合作意识，已掌握铣床的基本操作、平面、斜面、垂直面、平行面、直角沟槽、V 形槽、轴上沟槽、轴上键槽、钻孔及锪孔等加工与检测方法		
学习目标	1. 能独立阅读生产任务单，明确工时、加工数量等要求，说出所加工零件的用途、功能和分类 2. 能识读图样和工艺卡，查阅技术手册并进行计算，明确加工技术要求和加工工艺 3. 能利用多种方法及刀具加工斜面 4. 在加工过程中，能严格按照铣床操作规程操作铣床，按工步铣削工件；根据切削状态调整切削用量，保证正常切削；适时检测，保证精度 5. 能对加工误差进行分析，并通过调整机床提高加工精度 6. 能按产品工艺流程和车间现场管理规定进行产品交接并正确放置零件 7. 能在作业过程中严格执行企业操作规范、安全生产制度、环保管理制度以及“6S”管理规定，严格遵守从业人员的职业道德，具有吃苦耐劳、爱岗敬业的工作态度和职业责任感 8. 能与班组长、工具管理员等相关人员进行有效的沟通与合作，理解有效沟通和团队合作的重要性 9. 能主动获取有效信息，展示工作成果，对学习与工作进行总结及反思		

续表

学习内容	1. 生产任务单 2. 铣削加工常用工具、量具 3. 铣削加工安全文明生产要求 4. 生产过程与工艺过程 5. 工序的概念与工序的划分 6. 巩固铣削平面、直角沟槽等 7. 铣削斜面 8. 游标万能角度尺的应用 9. 斜面的检测 10. 斜面质量分析
教学条件	1. 教学场地：一体化教室、铣削加工车间等 2. 设备：铣床、平口钳、划线平台、多媒体设备等 3. 工具：通用工具、刀具（面铣刀、立铣刀、键槽铣刀、角度铣刀等）、辅具（划针、划规、划线盘、垫铁、气枪、清洗液等） 4. 量具：刀口形直角尺、游标卡尺、游标高度卡尺、千分尺、游标万能角度尺等 5. 防护用品：防护镜、工作服、工作帽等 6. 资料：压板工作页、生产任务单、零件图、领料单、加工工艺卡、技术手册、保养卡、交接班记录、检测评价单、安全操作规程等 7. 原材料：钢件（45 钢）
教学组织形式	1. 根据学习任务的活动内容和班级人数，进行小组分工，并确定负责人 2. 根据情景模拟，教师安排学生扮演角色，从资料室领取相关资料，如生产任务单、加工工艺卡、交接班记录等 3. 根据学习任务活动环节，积极引导学生分析学习任务，明确学习重点和难点 4. 教师对学习活动中的重点和难点进行分析、操作演示和现场指导，帮助学生掌握 5. 以情景模拟的形式，教师安排学生扮演角色，严格按照“6S”管理要求，清扫、整理、维护和保养铣床、工具、量具、划线平台等 6. 教师组织学生以小组或个人形式进行分析和总结，并汇报学习成果
教学流程与活动	1. 领取工作任务，明确加工内容（10 学时） 2. 制定压板的加工工艺（30 学时） 3. 压板的加工（50 学时） 4. 压板的测量及误差分析（20 学时） 5. 工作总结与评价（10 学时）
评价内容与标准	1. 能按生产任务单和图样，分析工作内容和要求，并正确完成压板工作页中的问题 2. 能根据任务要求制订合理的工作计划 3. 能规范、熟练地操作铣床 4. 能根据生产条件，合理安排生产活动，制定合理的加工工艺 5. 能在规定时间内，正确使用工具、量具、夹具、刃具，按照压板加工工艺卡中的流程完成压板的铣削 6. 能自觉遵守铣削加工车间安全操作规定、安全生产制度、环保管理制度以及“6S”管理规定 7. 能正确进行铣床、工具、量具、划线平台等设备与物品的清洁、保养和维护 8. 能服从安排，具备从业人员的责任感、团队沟通合作等职业素养

附录 8　压板的铣削教学活动策划表

教学活动	关键能力	学生活动	教师活动	学习内容	资源	评价点	学时	地点
学习活动1：领取工作任务，明确加工内容	资料查阅能力、识图能力、分析能力	1．自我检查、小组检查、教师检查安全防护用品的穿戴情况 2．以情景模拟的形式，学生扮演角色领取生产任务单 3．阅读生产任务单，明确零件名称、制作材料、零件数量和完成时间 4．分析压板所用材料的牌号、性能及用途 5．分析零件图，明确加工尺寸要求 6．识读工艺卡，完成加工前的准备工作 7．自评、小组评价	1．生产任务单的准备和发放 2．讲解工作任务要求 3．布置工作任务 4．组织学生扮演角色 5．检查学生任务完成情况和成果（包括指导工作页问题的表述）	1．压板生产任务单 2．压板零件图 3．压板所用材料的牌号、性能及用途 4．工艺卡的识读 5．查阅技术手册 6．巩固平面、沟槽等铣削方法 7．铣削斜面的方法与种类 8．斜面测量方法	1．工作页 2．生产任务单 3．压板零件图 4．机械制图、工程材料、切削原理与刀具等资料 5．常用工具、量具、夹具	1．生产任务单 2．制图知识 3．专业术语 4．表达方法 5．小组活动 6．工作页完成情况 7．安全文明生产	10	一体化教室

续表

教学活动	关键能力	学生活动	教师活动	学习内容	资源	评价点	学时	地点
学习活动2：制定压板的加工工艺	资料查阅能力、规范养成意识、安全意识、学习能力	1．查阅资料、观看视频，了解斜面的铣削加工方法 2．确定铣削斜面的方法与步骤 3．确定压板的铣削步骤与测量方法 4．识读工序卡，确定切削用量 5．学习企业对铣削加工安全文明生产的要求 6．正确填写工作页	1．组织、引导学生观看视频，了解斜面的铣削加工方法 2．讲解、示范铣削斜面的方法 3．帮助学生巩固铣削平面、沟槽的方法 4．引导学生制定压板的铣削步骤与测量方案 5．解读工序卡内容，帮助学生确定切削用量 6．引导学生学习铣削加工安全文明生产的要求，并检查执行情况 7．指导学生完成工作页填写 8．对学生学习环节进行综合评价	1．铣削斜面的方法，压板中斜面加工步骤的制定 2．压板中铣削平面、沟槽加工步骤的制定 3．切削三要素的计算与确定 4．压板的加工工序卡的填写 5．压板的加工工艺的制定 6．企业对铣削加工安全文明生产的要求	1．斜面的铣加工操作视频 2．铣削加工常用设备 3．铣削加工常用工具和量具 4．工作页	1．“6S”管理规定 2．斜面的铣削加工认知 3．铣削平面、沟槽等加工方法的掌握情况 4．铣削加工常用工具、量具的识别与使用 5．铣削加工安全文明生产的认知 6．工作页完成情况	15	一体化教室、铣削加工车间

续表

教学活动	关键能力	学生活动	教师活动	学习内容	资源	评价点	学时	地点
学习活动3：压板的加工	独立操作能力、规范养成意识、问题处理能力、工作统筹规划能力	1．领取材料及工具、夹具、量具、刃具 2．巩固铣削平面、沟槽的操作技能 3．学习铣削斜面的操作技能 4．按照铣削步骤加工压板 5．按照压板的测量方法检测压板，确保压板的加工质量 6．学习企业对铣削加工安全文明生产的要求 7．按工作页完成操作	1．引导学生按照工作情境，领取本任务所需的材料及工具、夹具、量具、刃具 2．巡回指导学生巩固练习铣削平面、沟槽的操作技能，并及时纠正其错误及安全隐患 3．巡回指导学生练习铣削斜面的操作技能，并及时纠正其错误及安全隐患 4．巡回指导学生完成压板加工 5．巡回指导学生正确检测压板 6．检查督促学生安全文明生产的执行情况 7．检查学生工作页的完成情况	1．车间和工作区的范围和限制，企业在环境、安全、卫生和事故等方面的标准 2．检查毛坯，规范装夹与校正 3．规范装夹刀具，正确对刀 4．检查铣床功能完好情况，对机床进行润滑、预热等 5．铣削平面、沟槽与斜面，调整切削用量 6．自检，正确放置零件 7．“6S”管理规定的执行，填写交接班记录	1．压板加工工艺卡、工序卡等 2．材料、工具、夹具、量具和刃具等 3．铣削加工工艺与技能训练教材 4．斜面铣削技能操作视频	1．领取本任务所需的材料及工具、夹具、量具、刃具是否准确到位 2．平面、沟槽铣削操作的熟练程度 3．斜面铣削的操作技能 4．压板加工过程的规范性 5．压板的加工质量 6．安全文明生产的执行情况 7．铣床的日常维护与保养情况 8．工作页完成情况	30	一体化教室、铣削加工车间

续表

教学活动	关键能力	学生活动	教师活动	学习内容	资源	评价点	学时	地点
学习活动4：压板的测量及误差分析	分析问题与解决问题能力	1．做好压板测量前的准备工作 2．检测压板 3．压板质量问题的分析与处理 4．清理现场、归置物品	1．组织学生做好测量前的准备工作 2．现场指导学生检测压板 3．引导学生对压板的质量问题结合实际情况进行分析与处理 4．指导学生清理现场、归置物品，对学生能否规范执行“6S”管理规定予以评价	1．工具、量具、刃具清单 2．压板检测评价单的分析与完成 3．压板误差分析 4．“6S”管理规定	1．压板零件图 2．工具、量具 3．工作页	1．压板产品加工质量 2．压板产品加工效率 3．产品检测规范 4．压板误差分析表的完成情况 5．工作页完成情况 6．安全文明生产	15	一体化教室、铣削加工车间
学习活动5：工作总结与评价	总结能力、表达能力、沟通与交流能力	1．通过交流讨论等方式全面地对学习与工作进行总结，独立完成自我评价 2．积极参与小组交流，对合作成员给予恰当的评价与建议 3．现场展示学习成果，倾听他人的展示汇报，并接受其他小组的点评意见 4．现场讨论、点评压板的优缺点 5．反思并总结工作经验，提出改进措施，优化加工策略 6．正确完成工作页的填写	1．引导学生通过交流讨论等方式全面地对学习与工作进行总结 2．组织小组间交流，引导学生对合作成员给予恰当的评价与建议 3．组织学生现场展示学习成果，引导小组间进行点评 4．引导学生进行讨论，指出压板的优缺点 5．引导学生反思并总结工作经验，帮助其制定改进措施，优化加工策略 6．指导学生完成工作页的填写	1．总结方法 2．表达方法 3．展示方案与流程 4．会议记录方法 5．合理的意见与建议	1．多媒体设备等 2．工作页	1．总结的准确性与完整性 2．表达能力 3．沟通与交流能力 4．自我展示情况 5．自评与互评的准确性 6．工作页完成情况	10	一体化教室